Fachwissen Technische Akustik

Diese Reihe behandelt die physikalischen und physiologischen Grundlagen der Technischen Akustik, Probleme der Maschinen- und Raumakustik sowie die akustische Messtechnik. Vorgestellt werden die in der Technischen Akustik nutzbaren numerischen Methoden einschließlich der Normen und Richtlinien, die bei der täglichen Arbeit auf diesen Gebieten benötigt werden.

Weitere Bände in der Reihe http://www.springer.com/series/15809

Michael Möser

(Hrsg.)

Digitale Signalverarbeitung in der Messtechnik

Herausgeber
Michael Möser
Institut für Technische Akustik
Technische Universität Berlin
Berlin, Deutschland

ISSN 2522-8080   ISSN 2522-8099   (electronic)
Fachwissen Technische Akustik
ISBN 978-3-662-56612-1   ISBN 978-3-662-56613-8   (eBook)
https://doi.org/10.1007/978-3-662-56613-8

Die Deutsche Nationalbibliothek verzeichnet diese Publikation in der Deutschen Nationalbi-
bliografie; detaillierte bibliografische Daten sind im Internet über http://dnb.d-nb.de abrufbar.

Springer Vieweg

Springer Vieweg ist ein Imprint der eingetragenen Gesellschaft Springer-Verlag GmbH, DE
und ist ein Teil von Springer Nature
Die Anschrift der Gesellschaft ist: Heidelberger Platz 3, 14197 Berlin, Germany

Inhaltsverzeichnis

Michael Vorländer ITA – Institute of Technical Acoustics, RWTH Aachen University, Aachen, Deutschland

Digitale Signalverarbeitung in der Messtechnik

Michael Vorländer

Zusammenfassung

Praktisch alle Messgeräte in der Akustik sind heute computergestützt. Eine akustische Messapparatur kann in Form von PC-ferngesteuerter Hardware realisiert werden oder in Form von integrierten Lösungen mit speziellem Speicher und Prozessor. Nach der analogen Vorverarbeitung der vom Mikrofon gelieferten Spannung setzt ein Analog-Digital-Wandler den Schalldruck in Computerdaten um. Dabei wird eine Abtastung des Schalldruck-Zeitverlaufs durchgeführt sowie eine Quantisierung der Amplituden. Bei der Messung von akustischen Übertragungsstrecken in der Raumakustik, Bauakustik, Lärmimmission, Elektroakustik, usw. werden digital erstellte und empfangsseitig aufgenommene Messsignale sowohl im Zeitbereich als auch im Frequenzbereich ausgewertet, und je nach Anwendung resultieren Impulsantworten (Abklingkurven) oder Übertragungsfunktionen (Spektren). Die Signalverarbeitungsmethoden der digitalen Messtechnik sind Analog-Digital-Wandlung, diskrete schnelle Fouriertransformation, FFT, und ähnliche Techniken zur Analyse der Messdaten. In diesem Kapitel werden Grundlagen der Abtastung und Quantisierung, digitale Filter sowie mehrere digitale Signalverarbeitungsmethoden beschrieben: Echtzeit-Frequenzanalysator, 2-Kanal-FFT-Analysator mit Sweep- oder Rauschanregung und Maximalfolgenmesstechnik. Anwendungen und Fehlerquellen der digitalen Messverfahren werden an Beispielen diskutiert.

Wie in allen Bereichen der Technik ist es heute auch in der Akustik so, dass praktisch alle Messgeräte rechnergestützt sind. Der Digitalrechner kann in unterschiedlichen Konfigurationen zum Einsatz kommen. Eine akustische Messapparatur kann in Form von PC-ferngesteuerter Hardware realisiert werden oder in Form von integrierten Lösungen mit speziellem Speicher und Prozessor. Bei vielen Anwendungen kommt die Notwendigkeit der Eichfähigkeit und Eichung hinzu, die spezielle Anforderungen an die Hardware stellt.

Eine Unterscheidung hinsichtlich der Art der Umsetzung in Form von A/D- Hardware, Speicherung und Signalverarbeitung wird in diesem Kapitel allerdings nicht getroffen. Inhalt ist vielmehr die Grundlage der Signalaufnahme, -Verarbeitung und -analyse mithilfe rechnerischer (digitaler) Methoden. Die Implementierung algorithmischer Ansätze oder von Analysesoftware erfordert dann jeweils besondere Kenntnisse der Programmiersprachen, teilweise in speziellen Sprachen wie Assembler, was hier

M. Vorländer (✉)
ITA – Institute of Technical Acoustics,
RWTH Aachen University, Aachen, Deutschland
E-Mail: mvo@akustik.rwth-aachen.de

© Springer-Verlag GmbH Deutschland, ein Teil von Springer Nature 2018
M. Möser (Hrsg.), *Digitale Signalverarbeitung in der Messtechnik*, Fachwissen Technische Akustik,
https://doi.org/10.1007/978-3-662-56613-8_1

ebenfalls nicht vertieft betrachtet wird. Man kann sich gut vorstellen, dass die grundsätzlichen Ansätze der digitalen Signalverarbeitung unterschiedlich effektiv umgesetzt werden können. Für das Verständnis ist jedoch die Vorstellung einer Implementierung z. B. in MATLAB® völlig ausreichend.

Das unten stehende Bild illustriert einen typischen PC-gestützten Messaufbau mit Anregung. Ein Taktgenerator wird zur Erzeugung eines Anregungssignals genutzt. Der Sende-Takt ist hier synchronisiert mit der Abtastrate des A/D-Umsetzers als Empfänger. Die gestrichelt umrandeten Teile werden oft in einen Rechner integriert. Die ansatzweise gezeigten Aus- und Eingänge am Messobjekt (LTI) und am A/D-Wandler deuten mehrkanalige Messungen an. „LTI" bedeutet, dass das Messobjekt sich in idealer Weise linear und zeitinvariant verhält (siehe Abb. 1).

Bei Messobjekten, die in ihrer normalen Funktion selbst Schall erzeugen (z. B. ein PKW in Vorbeifahrt, eine Geschirrspülmaschine oder eine Polizeisirene), ist die Schallanalyse, die Messung der Schallpegel, evtl. eine Frequenzanalyse hinreichend. Andere Messobjekte, wie im Bild gezeigt, jedoch stellen ein Element in einer akustischen Übertragungsstrecke dar. Sie „tönen" nicht von allein, sondern müssen in geeigneter Weise angeregt und untersucht werden. Dies trifft beispielsweise auf Lautsprecher, Übertragungsstrecken in Räumen oder im Freien, auf Wände, auf Schalldämpfer oder Gehörschützer zu. In diesen Fällen wird ein der Schallanalyse

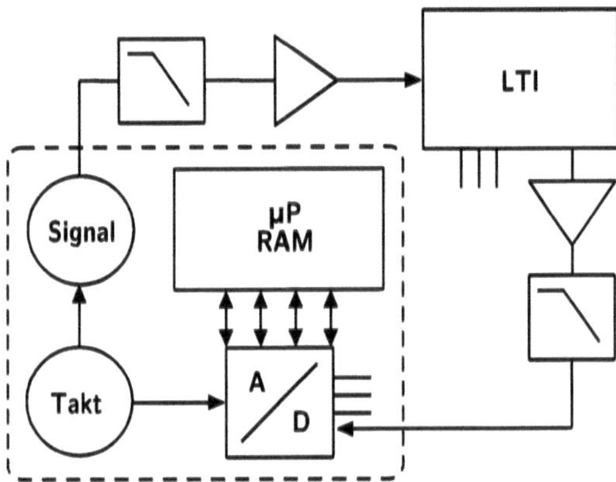

Abb. 1 Aufbau eines rechnergestützten Messsystems

angepasstes Sendesignal erzeugt und in das Messobjekt gegeben. Der Signalfluss von der Erzeugung über die Weiterleitung bis zum Empfang mit Mikrofon und Schallanalysator kann dann zur Ermittlung der Objekteigenschaften herangezogen werden (Abb. 2).

Grundlage der linearen Akustik sowie der Theorie von Signalen und Systemen ist ein näherungsweise lineares Verhalten, aus dem sich zahlreiche Phänomene ableiten bzw. begründen lassen. Fast alle Messobjekte in der Akustik sind in sehr guter Näherung LTI-Systeme (engl.: „linear time invariant Systems"). Dies sind definitionsgemäß Systeme, die in ihrem akustischen Verhalten (also hier bei der Übertragung von Schall) ihr Ausgangssignal gemäß einer linearen Gesetzmäßigkeit vom Eingangssignal ableiten. Zusätzlich muss dieses Verhalten zu jedem beliebigen Zeitpunkt unverändert vorliegen (Zeitinvarianz).

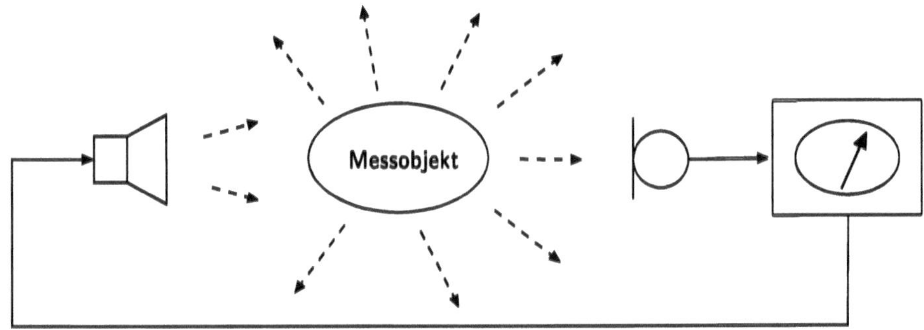

Abb. 2 Akustische Messungen mit Anregungs- und Analyseeinheit

1 Signale und Systeme

Ein Signal im Sinne der Theorie eines akustischen Ereignisses ist der zeitabhängige Verlauf eines Schalldrucks $p(t)$ oder einer Mikrofonspannung $U(t)$. Im Allgemeinen bezeichnen wir es hier mit $s(t)$. Dieses Signal kann erzeugt und empfangen bzw. über ein System übertragen und/oder verändert werden. Linear wird ein System bezeichnet, wenn bezüglich seiner Transformation **Tr** der Superpositionssatz für beliebige Konstanten a_i gilt:

$$\mathbf{Tr}\left\{\sum_i (a_i \cdot s_i(t))\right\} = \sum_i (a_i \cdot \mathbf{Tr}\{s_i(t)\})$$
$$= \sum_i (a_i \cdot g_i(t)) \tag{1}$$

s_i bezeichnet das Eingangs-, g_i das Ausgangssignal, $i = 1, 2, 3 \ldots$ Als Transformationen kommen z. B. Verstärkungen, Zeitverzögerungen, Filterungen oder einfach Summationen von Signalen in Betracht. Dieser Zusammenhang bedeutet in der Praxis, dass das Systemverhalten, z. B. der Frequenzgang, nicht vom Pegel des Anregungssignals abhängt, bzw. sich nur proportional verhält. Insbesondere werden bei Anregung mit einem harmonischen Signal einer Frequenz f nur Ausgangssignale mit der gleichen Frequenz erzeugt.

Zeitinvariant ist ein System, wenn für eine beliebige Zeitverschiebung t_0 gilt:

$$\mathbf{Tr}(s(t - t_0)) = g(t - t_0) \tag{2}$$

Dies bedeutet in der Praxis, dass man die Messung jederzeit wiederholen könnte, ohne dass man ein anderes Ergebnis erwarten müsste.

Viele in der Akustik übliche Messobjekte zeigen in der Tat ein solches Verhalten. So erzeugt ein Lautsprecher einen der Stärke des Eingangsstromes proportionalen Schalldruck, solange er im linearen Bereich betrieben wird. Auch die Änderung der Übertragungseigenschaften mit der Zeit ist meist vernachlässigbar, solange er sich nicht während des Betriebes erheblich erhitzt. Systeme, die sich infolge von Alterungseinflüssen oder anderen, sehr langsamen Prozessen verändern, können für kurze Zeiträume (z. B. während einer Messung) als LTI-Systeme angesehen werden.

Das LTI-System kann nun anhand seiner Reaktion auf Testsignale beschrieben werden.

Diese Reaktion ist sowohl im Zeit- als auch im Frequenzbereich charakteristisch für das System und liefert eine vollständige Beschreibung des Übertragungsverhaltens.

2 Impulsantwort und Übertragungsfunktion

2.1 Der Begriff der Faltung

Wird ein LTI-System mit einem Eingangssignal $s(t)$ gespeist, so kann ausgangsseitig ein Signal $g(t)$ empfangen werden, für welches gilt:

$$g(t) = \int\limits_{-\infty}^{\infty} s(\tau)h(t - \tau)d\tau = s(t) * h(t) \tag{3}$$

wobei $h(t)$ die Impulsantwort (oder Stoßantwort) des Systems genannt wird und das Integral eine Faltungsoperation ausdrückt. Diese allgemeine und sehr wichtige Formel ist die Grundlage für alle theoretischen Betrachtungen an LTI-Systemen. Sie erlaubt insbesondere die Konstruktion von Filtern. Die Impulsantwort hat bei einigen akustischen Systemen eine unmittelbare Bedeutung und wird als Messgröße direkt benötigt (z. B. in der Raumakustik).

Eine besondere Bedeutung kommt dem Dirac-Stoß $\delta(t)$ zu. Er ist anschaulich definiert als Nadelimpuls unendlicher Höhe, aber endlichen Flächeninhalts. Man kann ihn sich beispielsweise über den Grenzübergang

$$\lim_{T_0 \to 0} \frac{1}{T_0}\text{rect}\left(\frac{t}{T_0}\right) \tag{4}$$

Vorstellen (Abb. 3):

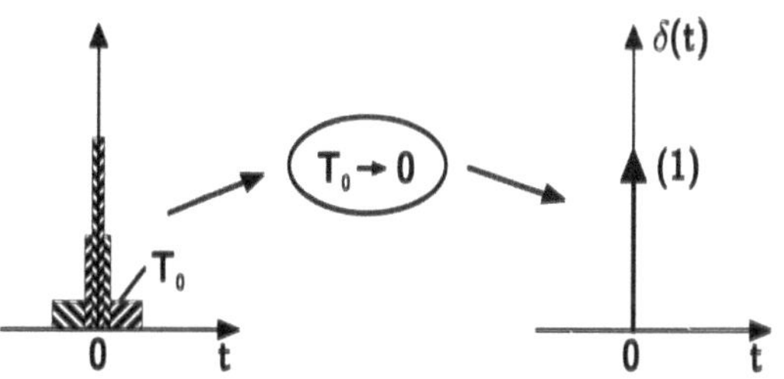

Abb. 3 Dirac-Stoß

Der Dirac-Stoß ist die Impulsantwort eines ideal verzerrungsfreien Systems. In diesem Falle ist nämlich das Ausgangssignal gleich dem Eingangssignal:

$$g(t) = \int_{-\infty}^{\infty} s(\tau)\delta(t - \tau)d\tau = s(t) \qquad (5)$$

Die Faltungsalgebra für den Dirac-Stoß ist besonders einfach. Beispiele sind: Multiplikation mit Faktor (Verstärkung):

$$a\,\delta(t) * s(t) = a\,s(t) \qquad (6)$$

zeitliche Verschiebung (Laufzeitglied, Verzögerungsleitung):

$$\delta(t - t_0) * s(t) = s(t - t_0) \qquad (7)$$

Integration (Sprungfunktion $\varepsilon(t)$):

$$\int_{-\infty}^{t} \delta(\tau)d\tau = \varepsilon(t) \qquad (8)$$

Bei Anregung eines Systems mit einem idealen Impuls (Dirac-Stoß) ergibt sich unmittelbar dessen Impulsantwort:

$$h(t) * \delta(t) = \int_{-\infty}^{\infty} h(\tau)\delta(t - \tau)d\tau = h(t) \qquad (9)$$

Eine Impulsantwort ist eine wichtige Messgröße beispielsweise in der Raumakustik. Die Abb. 4 zeigt eine mit einem Kugelmikrofon mit einem Speicheroszilloskop aufgenommene Raumimpulsantwort. Die Anregung erfolgte mit einer Holzklatsche.

2.2 Übertragungsfunktion

Die Übertragungseigenschaften eines LTI-Systems lassen sich auch im Frequenzbereich durch Frequenzfunktionen $\underline{S}(f)$ darstellen, und zwar entweder durch die Komponenten Real- und Imaginärteil (Re$\{\underline{S}(f)\}$ bzw. Im$\{\underline{S}(f)\}$) oder in der äquivalenten Form als Betrag und Phase ($|\underline{S}(f)|$ bzw. $\varphi(f)$).

$$\underline{S}(f) = \mathrm{Re}\{\underline{S}(f)\} + \mathrm{Im}\{\underline{S}(f)\} = |S(f)| \cdot e^{j\varphi(f)} \qquad (10)$$

Für den Vergleich der Frequenzdarstellung mit dem Höreindruck ist die logarithmische Auftragung des Betrags der Funktion über der Frequenz gut geeignet. Diese Darstellung lässt erkennen, über welchen Frequenzbereich sich z. B. ein Geräusch erstreckt oder welche (Ober-) Töne in einem Klang enthalten sind.

Sollen die Übertragungseigenschaften eines Systems bezüglich der Frequenz dargestellt werden, ist besonders die Information von Interesse, um welches Maß ein eingespeistes Signal einer bestimmten Frequenz von dem System gedämpft oder verstärkt wird. Durch Anregung eines Systems (mit einer Signalbetrachtung im Frequenzbereich sequenziell durch reine Töne) ist erkennbar, welche Resonanzen vorliegen oder welchen Frequenzumfang beispielsweise ein elektroakustischer Wandler übertragen kann.

Wird der komplex, d. h. nach Betrag und Phase gebildete Quotient aus durchgelassenem zu eingespeistem Signal (z. B. sequenziell mit reinen Tönen) gebildet, wird die resultierende Funktion $\underline{H}(f)$ Übertragungsfunktion genannt.

$$\underline{H}(f) = \frac{\underline{G}(f)}{\underline{S}(f)} \qquad (11)$$

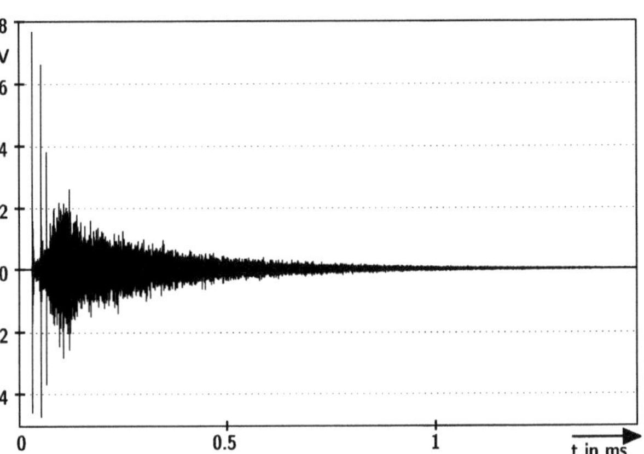

Abb. 4 Beispiel für eine Raumimpulsantwort

Im Experiment kann man mit reinen Tönen die Übertragungsfunktion direkt anregen und das Verhältnis von Ausgangs- zu Eingangsamplitude (und Phase) bestimmen. Geschieht dies an mehreren Stellen, so können Übertragungsfunktionen an mehreren Stützstellen ermittelt werden.

Die Übertragungsfunktion ist i. a. komplexwertig und kann wie die Frequenzfunktion in Gl. 10 kartesisch oder in Polarkoordinaten dargestellt werden. Die Übertragungsfunktion ist im Frequenzbereich die bedeutendste Funktion der Signalverarbeitung, da auch sie die kompletten linearen Eigenschaften ihres Systems repräsentiert.

3 Fouriertransformation

Liegt von einem System die Impulsantwort $h(t)$ vor, so kann diese Zeitfunktion mit der Fouriertransformation (Abb. 5)

$$\mathcal{F}\{h(t)\} = \underline{H}(f) \text{ bzw. } h(t) \circ\!\!-\!\!\bullet\ \underline{H}(f) \quad (12)$$

in die stationäre Übertragungsfunktion $\underline{H}(f)$ überführt werden. Die Transformationsgleichung ist durch das Fourierintegral gegeben, s. u.

Somit können LTI-Systeme vollständig entweder im Zeitbereich oder im Frequenzbereich charakterisiert werden, und an mehreren Stellen ist mittels der Fouriertransformation ein Übergang zwischen den Bereichen in beide Richtungen möglich.

Die Berechnungsvorschrift der Fouriertransformation zwischen Impulsantwort und Übertragungsfunktion lautet:

$$\underline{H}(f) = \int_{-\infty}^{\infty} h(t) \cdot e^{-j2\pi ft} dt \quad (13)$$

$$h(t) = \int_{-\infty}^{\infty} \underline{H}(f) \cdot e^{-j2\pi ft} df \quad (14)$$

Die Fouriertransformation ist jedoch nicht nur auf Impulsantworten $h(t)$ und Übertragungsfunktionen $\underline{H}(f)$ anwendbar. Jedes Signal $s(t)$ kann mit der Fouriertransformation in eine entsprechende Frequenzfunktion $\underline{S}(f)$ umgewandelt werden.

$$\underline{S}(f) = \int_{-\infty}^{\infty} s(t) \cdot e^{-j2\pi ft} dt \quad (15)$$

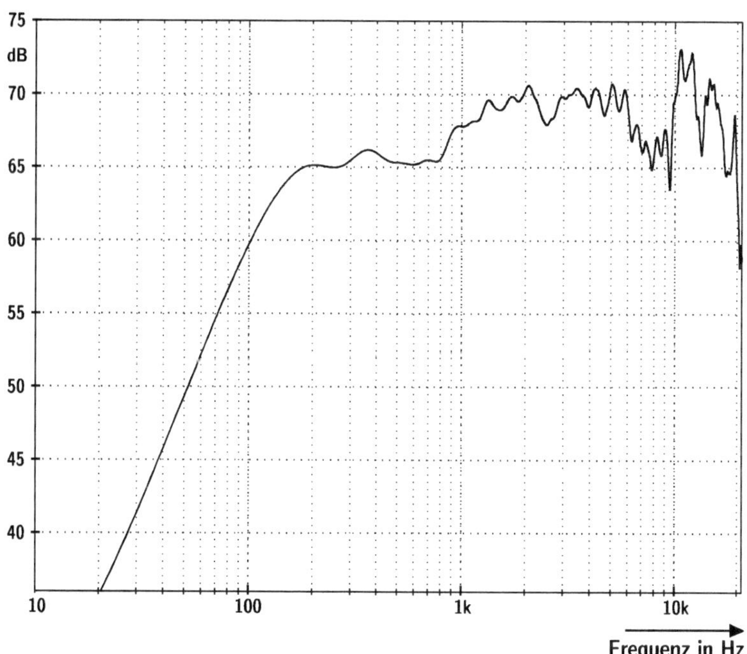

Abb. 5 Übertragungsfunktion (Frequenzgang) eines Dodekaeder-Messlautsprechers

$$s(t) = \int_{-\infty}^{\infty} \underline{S}(t) \cdot e^{-j2\pi ft} df \qquad (16)$$

Insbesondere der Dirac-Stoß soll hier noch einmal erwähnt werden, der sich durch

$$\int_{-\infty}^{\infty} \delta(t) \cdot e^{-j2\pi ft} dt = 1 \qquad (17)$$

und durch

$$\delta(t) = \int_{-\infty}^{\infty} e^{j2\pi ft} df \qquad (18)$$

auszeichnet. Letztere Gleichung kann demnach auch als Definitionsgleichung für den Dirac-Stoß aufgefasst werden.

So weit sind nun die Grundlagen der Signalübertragung über akustische Systeme erläutert worden. Für ein vertieftes Verständnis für die Analyse akustischer Signale, Impulsantworten und Übertragungsfunktionen müssen diese Grundlagen an Verarbeitungsmechanismen im Digitalrechner angepasst werden. Der wichtigste Aspekt besteht in der Abbildung analoger Signale in digitaler Form.

4　Digitalisierung von Messsignalen

Um Signale in einem Digitalrechner eingeben und verarbeiten zu können, müssen die analog aufgezeichneten Signale digitalisiert werden. Durch einen A/D-Umsetzer werden die analogen Zeitfunktionen $s(t)$ sowohl hinsichtlich der physikalischen Messgröße (Schalldruck oder Körperschall-Beschleunigung und letztlich über einen „Wandler" repräsentiert in Form der elektrischen Spannung) in Stufen gemessen und quantisiert sowie hinsichtlich der Zeit diskretisiert und somit in eine zeitdiskrete gestufte und skalierte Zahlenfolge umgesetzt.

Die Genauigkeit der Quantisierung hängt von der verwendeten Amplitudenauflösung ab. Der verwendete Zahlenraum wird normalerweise auf eine binäre Darstellung abgebildet. Von der so genannten „Vollaussteuerung" des Signals stehen bei einem A/D-Umsetzer der Bitzahl n

zwischen der maximalen und minimalen Spannung 2^n unterschiedliche Werte zur Verfügung. Bei einer Auflösung von 16 bit sind das beispielsweise 65536 Stufen in ganzen Zahlen von -32768 bis $+32767$, die abgebildet werden auf den Spannungsbereich zwischen $-U$max und $+U$max, die der Vollaussteuerung entspricht.

Die Rundungsfehler bei der Quantisierung sind quasi-stochastisch in der Zahlenfolge verteilt. Da die kleinste Spannungsstufe Umax$/2n$ ist, kann man den Pegel der Folge der Rundungsfehler, auch Quantisierungsrauschen genannt, angeben mit:

$$N_{quant} = -20 \log 2^n \approx -6n \qquad (19)$$

Der Zeittakt der Quantisierung wird Abtastfrequenz genannt. Wie groß die Abtastfrequenz, auch Abtastrate genannt, mindestens sein muss, hängt davon ab, welche Frequenzanteile im Signal enthalten sind (s. u.). Unter Berücksichtigung dieser Diskretisierung in Zeit und Amplitude stellen die Abtastwerte unter bestimmten Bedingungen ein hinreichend genaues Bild des analogen Signals dar. Der große Vorteil der digitalen Verarbeitung von Signalen besteht darin, dass alle Maßnahmen der Filterung, Analyse, Verstärkung, Speicherung, etc. durch mathematische Operationen durchgeführt werden können, wodurch erheblich flexiblere Möglichkeiten im Vergleich zur analogen Signalverarbeitung genutzt werden können. Aus den digitalen Daten kann ferner das analoge Ursprungssignal eindeutig rekonstruiert werden.

Typisch für Schallsignale im Hörbereich sind Abtastraten von 44,1 kHz oder 48 kHz bei einer Quantisierung in 16 bit. Dies entspricht einem Abstand von etwa 96 dB zwischen der Vollaussteuerung und dem Quantisierungsrauschen. Umfasst das zu messende Schallereignis eine extrem große Dynamik, mehr als 96 dB, so lassen sich auch Varianten realisieren, die effektiv 24 bit oder mehr Auflösung erlauben, sodass ohne Verstärkungsumschaltung über 120 dB zwischen dem Quantisierungsrauschen und der Vollaussteuerung abgedeckt werden können. Dadurch wird insbesondere der volle Dynamikbereich von Kondensator-Messmikrofonen genutzt, ohne die Empfindlichkeit oder die Verstärkung umschalten zu müssen.

4.1 Abtasttheorem

Nach der Theorie der linearen Systeme kann die Abtastung wie folgt dargestellt werden. Ein analoges Signal $s(t)$ (in Spannungsdarstellung) wird zu den Abtastzeiten nT mit $n = 0, 1, 2, \ldots$ und $T = 1/f_{Abt}$ jeweils einer schnellen (unendlich kurzen) Spannungsmessung unterzogen. Dies entspricht der Multiplikation des Signals mit einer Diracstoß-Folge.

$$\mathrm{III}(t) = \sum_{n=-\infty}^{\infty} \delta(t - nT) \qquad (20)$$

Das abgetastete zeitdiskrete Signal ist somit

$$s(n) \equiv s(t) \cdot \mathrm{III}(t)\Big|_{t=nT} = \sum_{n=-\infty}^{\infty} s(nT)\delta(t - nT)\Big|_{t=nT} \qquad (21)$$

Bei der Abtastung eines harmonischen Signals müssen mindestens zwei Abtastwerte innerhalb einer Periode liegen, um zu vermeiden, dass Mehrdeutigkeiten, so genanntes „Aliasing" (von „Alias"-Frequenzen) auftreten. Harmonische Signale mit ganzzahlig vielfachen Frequenzen lassen sich nämlich durch genau die gleichen Abtastwerte abbilden (siehe Bild). Die Gesamtheit der spektral möglichen Lösungen ist offenbar eine Aneinanderreihung von Elementarlösungen, die sich auf der Frequenzachse vielfach wiederholen (Abb. 6 und 7).

Allgemeiner formuliert bedeutet Abtastung eine Multiplikation des analogen Zeitsignals mit einer Diracstoß-Folge. Wir betrachten diese Art der Abtastung nun im Frequenzbereich. Aufgrund

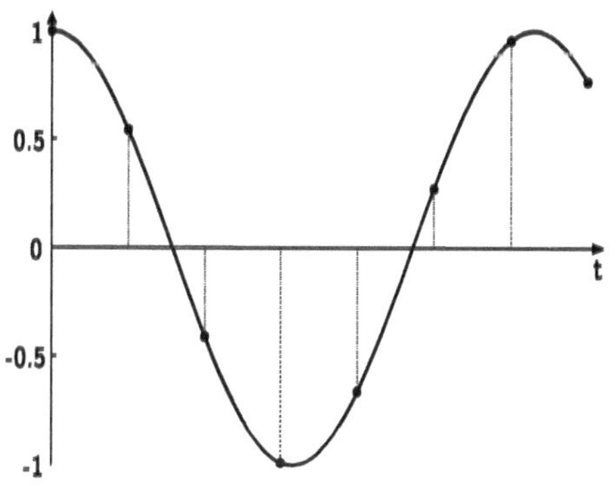

Abb. 6 Analoges Cosinus-Signal mit diskreten Abtastwerten

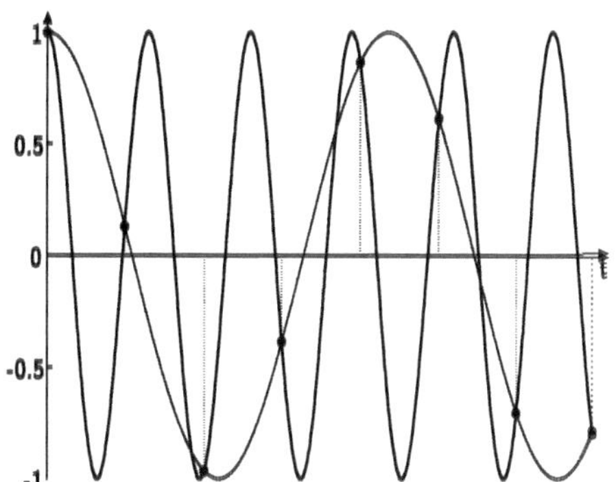

Abb. 7 Mehrdeutigkeit bei der Rekonstruktion des analogen Signals

eines zentralen Satzes der Fourier-Transformation (das Produkt zweier Zeitsignale entspricht der Faltung der beiden Signalspektren) lässt sich dies folgendermaßen darstellen:

$$s(t/T) \cdot \mathrm{III}(t/T) \;\circ\!\!-\!\!\bullet\; \underline{S}(Tf) * \mathrm{III}(Tf) \qquad (22)$$

wegen

$$\mathrm{III}(Tf) = \int_{-\infty}^{\infty} \mathrm{III}(t/T) \cdot e^{-j2\pi ft} dt \qquad (23)$$

in mit der Abtastdauer T skalierten dimensionslosen Zeit- und Frequenzachsen. Man beachte den inversen Zusammenhang zwischen $\mathrm{III}(t/T)$ und $\mathrm{III}(Tf)$. Eine zeitlich enge Dirac-Stoß-Folge korrespondiert mit einer weiten Folge von Spektrumslinien (Abb. 8).

Zur Vermeidung von Aliasing benutzt man daher Tiefpassfilter, die den auswertbaren Frequenzbereich von 0 bis f_{max} auf höchstens die Hälfte der Abtastfrequenz begrenzen. Das Nyquist-Theorem bestimmt somit die Abtastrate f_{Abt} zu:

$$f_{Abt} \geq 2f_{max} \qquad (24)$$

5 Diskrete Fourier-Transformation DFT

Im Falle von abgetasteten Funktionen stellt sich die Frage nach einem effizienten Algorithmus zur Fourier-Transformation dieser Zahlenfolge. Zuerst einmal muss berücksichtigt werden, dass die Abtastwerte zeitdiskret sind, d. h. das

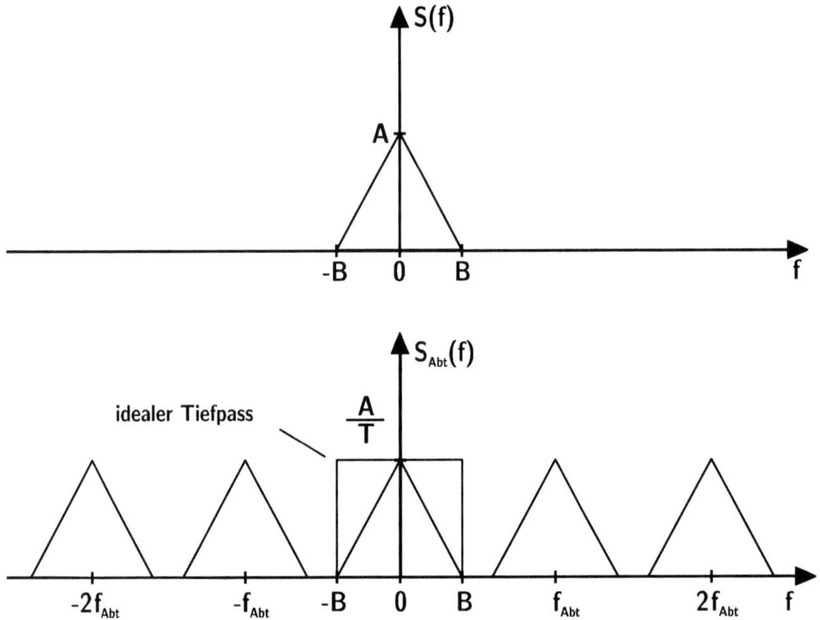

Abb. 8 Tiefpassfilterung zur Rekonstruktion des Original-Spektrums und Abtrennung der Folge der Alias-Spektren

nach Fourier-Transformation erhaltene (kontinuierliche) Spektrum ist wegen Gl. 22 periodisch. Die entscheidende Voraussetzung für eine numerische Berechnung des Spektrums ist jedoch dessen diskrete Darstellung, da man in einem digitalen Speicher nur endlich viele Frequenzen auswerten kann. Man ist also an die Berechnung eines sogenannten Linienspektrums gebunden. Linienspektren wiederum sind aber nur periodischen Signalen zuzuordnen. Somit steht neben der Forderung nach einer genügend hohen Abtastrate eine zweite wesentliche Voraussetzung fest: Man muss beachten, dass sich numerisch ermittelte (Linien-) Spektren streng auf periodische Signale beziehen (siehe Abb. 9).

Die Berechnungsvorschrift für die diskrete Fourier-Transformation DFT lautet dann (vergl. Gl. 13):

$$\underline{S}(k) = \frac{1}{N} \sum_{n=0}^{N-1} s(n)\, e^{-j2\pi nk/N}; \quad k = 0, 1, \ldots, N-1 \quad (25)$$

Zur Lösung der Gl. 25 sind N^2 (komplexe) Multiplikationen auszuführen. Die Variable „n" repräsentiert den Zeitbereich; „k" das Frequenzspektrum.

6 Fast Fourier Transformation FFT

Eine spezielle Variante der DFT ist die englisch bezeichnete so genannte „Fast Fourier Transformation" (FFT) [1]. Sie ist mitnichten eine Näherungslösung, sondern eine numerisch exakte Lösung der Gl. 25. Sie lässt sich allerdings nur auf Blöcke von $N = 2^m$ (4, 8, 16, 32, 64, usw.) Abtastwerte anwenden. Der Grund für die Beschleunigung der Berechnung ist ein geschicktes Vorsortieren von Summanden, das Weglassen überflüssiger Rechenschritte und dadurch die Reduzierung der Rechenschritte auf einen Bruchteil.

Man stellt die Vorschrift nach Gl. 25 als Gleichungssystem und als Matrixoperation (Beispiel für $N = 4$)

$$\begin{pmatrix} S(0) \\ S(1) \\ S(2) \\ S(3) \end{pmatrix} = \begin{pmatrix} W^0 & W^0 & W^0 & W^0 \\ W^0 & W^1 & W^2 & W^3 \\ W^0 & W^2 & W^4 & W^6 \\ W^0 & W^3 & W^6 & W^9 \end{pmatrix} \begin{pmatrix} s(0) \\ s(1) \\ s(2) \\ s(3) \end{pmatrix} \quad (26)$$

dar. Dabei ist

$$W = e^{-j2\pi/N} \quad (27)$$

Man beachte die hohe Symmetrie in den Potenzen des „Phasenzeiger" W, der die komplexen

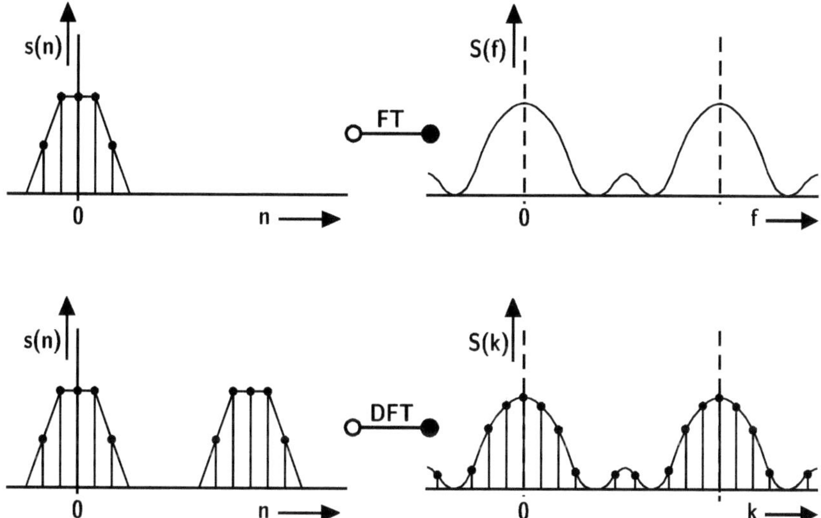

Abb. 9 Oben links: Abtastung eines Signals, $s(n)$, oben rechts: entsprechendes (theoretisch kontinuierliches) Spektrum, $S(f)$, unten rechts: numerisches (diskretes) Spektrum $S(k)$, unten links: dem diskreten Spektrum entsprechendes periodisch wiederholtes Signal $s(n)$

Abb. 10 Elementar-Einheit in der Struktur einer FFT: „Butterfly"

Zahlenebene in N Kreissegmente teilt, wobei eine n-fache Potenzierung eine n-fache Drehung der Phase und Abbildung von W in sich selbst bedeutet. Der Kern der FFT ist die Herstellung dieser besonderen Symmetrie.

Nun kann durch Vertauschen von Zeilen und Spalten der Matrix **W** (die im Prinzip lediglich die komplexen Exponentialterme, d. h. die Phasen $2x/N$ zur Potenz nk enthält) eine Form hoher Symmetrie erreicht werden, in welcher quadratische Blöcke der Größe 2 x 2, 4 x 4, 8 x 8, usw. von „Nullen" auftreten.

Das resultierende Gleichungssystem erfordert dann (im Beispiel) nur noch die Lösung des Gleichungssystems

$$
\begin{pmatrix} S(0) \\ S(1) \\ S(2) \\ S(4) \end{pmatrix} = \begin{pmatrix} x_2(0) \\ x_2(1) \\ x_2(2) \\ x_2(4) \end{pmatrix} = \begin{pmatrix} 1 & W^0 & 0 & 0 \\ 1 & W^2 & 0 & 0 \\ 0 & 0 & 1 & W^1 \\ 0 & 0 & 1 & W^3 \end{pmatrix} \begin{pmatrix} x_1(0) \\ x_1(1) \\ x_1(2) \\ x_1(3) \end{pmatrix} \quad (28)
$$

mit z. B.: $x_2(0) = x_1(0) + W^0 x_1(1)$ und $x_2(1) = x_1(0) + W^2 x_1(1)$. Alle Summenterme mit Nullen können von vornherein weggelassen werden.

Die verbleibenden Operationen verknüpfen jeweils benachbarte Vektorelemente zu zwei neuen Vektorelementen. Dieser Prozess lässt sich sehr anschaulich in Form eines Butterfly-Algorithmus darstellen, wobei die Rechenvorschrift bedeutet, dass jeweils nur Zahlenpaare $(x1(0), x1(1))$ in Zahlenpaare $(x2(0), x2(1))$ überführt werden und andere Vektorelemente je Butterfly-Stufe keine Rolle spielen: Die Lösung von Gl. 28 einer m x m-Matrix lässt sich dann als eine kaskadierte m-stufige Butterfly-Rechnung durchführen. Die Anzahl der Rechenoperationen fällt dadurch von N^2 auf N ld($N/2$) z. B. für $N = 4096$ von 16777216 auf 45056 um den Faktor 372 (Abb. 10).

6.1 Mögliche Fehler

Unter den gegebenen Randbedingungen sind verschiedene Fehlerquellen bei der Anwendung der FFT möglich. Oft wird nämlich vergessen, dass die FFT eine spezielle Form der diskreten

Fouriertransformation ist und wie die DFT nur auf periodische Signale bezogen werden kann. Wenn also ein ohnehin periodisches Signal (z. B. ein Sinus- oder ein Dreiecksignal) ausgewertet werden soll, muss selbstverständlich die Blocklänge einer glatten Anzahl von Perioden entsprechen, damit das zugehörige Linienspektrum unverzerrt berechnet werden kann. Endet das Signal „an der falschen Stelle", so ist die (gedankliche) periodische Fortsetzung unstetig, und das Spektrum bezieht sich auf das (falsche) fortgesetzte Signal mit der Unstetigkeitsstelle (Abb. 11).

Falls jedoch die FFT-Blocklänge genau einer glatten Anzahl von Perioden entspricht, tritt der Fehler nicht auf. Im Allgemeinen kann durch Abtastratenwandlung das gewünschte Auswerteintervall glatter Periodenzahl auf eine FFT-Blocklänge abgebildet werden.

Ein weiteres, allerdings nicht so exaktes Verfahren zur Verringerung dieser Fehler ist die Fenstertechnik. Ein „Fenster" in diesem Sinne ist eine Zeitfunktion mit Anstieg und Abfallflanke, mit welcher das auszuwertende Signal multipliziert wird. Dies entspricht bekanntlich einer Faltung des Signalspektrums mit dem Spektrum der Fensterfunktion. Durch das Fenster werden die eventuellen Unstetigkeiten an den Grenzen des Auswertebereiches mit geringerem Gewicht berücksichtigt. Typische Fensterfunktionen sind in Tab. 1 zusammengefasst (Abb. 12).

7 Digitale Filter

Digitale Filter werden in der Messtechnik für die Vor- und Nachbearbeitung von Messsignalen eingesetzt. Die wohl bekanntesten Beispiele sind Terz- und Oktavfilter sowie das A-Filter. Filter setzen sich aus Addierern, Multiplizierern und Verzögerungsgliedern zusammen. Verzögerungsglieder lassen sich sehr einfach durch Speicherelemente realisieren, was den größten Vorteil gegenüber den Analogfiltern ausmacht [2].

Zur Beschreibung der Eigenschaften von Digitalfiltern können unterschiedliche Methoden herangezogen werden. Am übersichtlichsten erscheint dabei die Darstellung des Frequenz- und Phasenganges. Die Pol-Nullstellen-Darstellung lässt zusätzlich die Ordnung des Filters erkennen. Die Abb. 13 zeigt die Darstellung eines Filters mit diesen beiden Möglichkeiten.

Digitale Filter können synthetisiert werden, indem man Pole und Nullstellen in der „z-Ebene"

Tab. 1 Typische Fensterfunktionen (Beispiele, $n = 0, 1, 2, \ldots, N - 1$)

Rechteck	$w(n) = 1$
Dreieck	$w(n) = \begin{cases} \dfrac{n}{N/2} \text{ für } n = 0,1,\ldots,\dfrac{N}{2} \\ \dfrac{N-n}{N/2} \text{ für } n = \dfrac{N}{2},\ldots,N-1 \end{cases}$
Hanning	$w(n) = \sin^2\left(\dfrac{n}{N}\pi\right)$
Hamming	$w(n) = 0{,}54 - 0{,}46\cos\left(\dfrac{2\pi}{N}n\right)$
Blackman-Harris	$w(n) = a_0 - a_1\cos\left(\dfrac{2\pi}{N}n\right) + a_2\cos\left(\dfrac{2\pi}{N}2n\right) - a_3\cos\left(\dfrac{2\pi}{N}3n\right)$

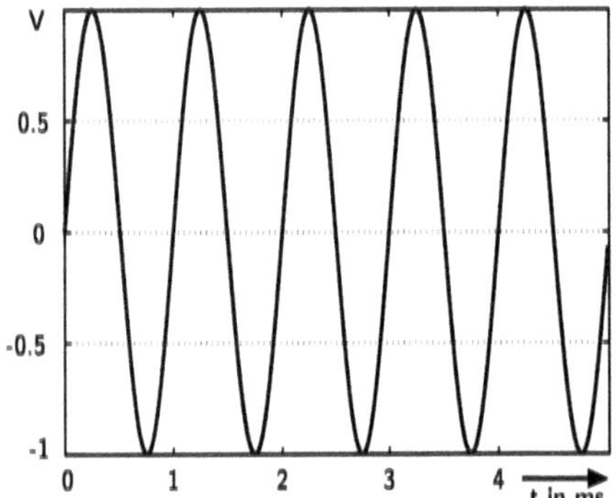
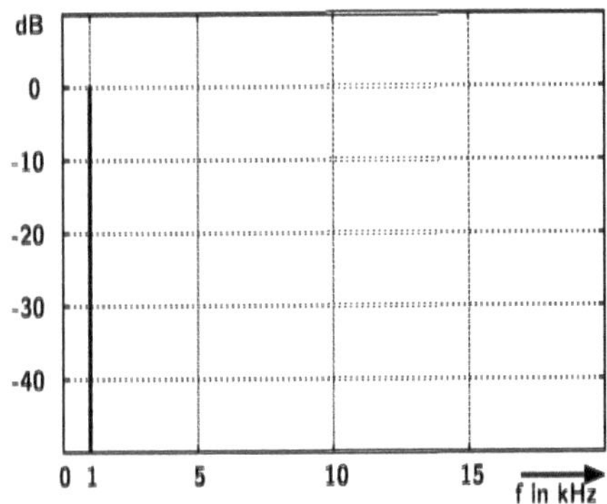

Abb. 11 1 kHz-Zeitsignal und Spektrum einer diskreten Fouriertransformation (exakt 5 Perioden)

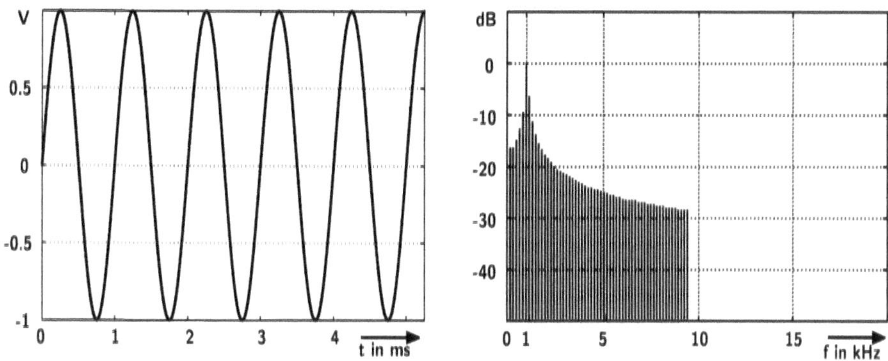

Abb. 12 1 kHz-Zeitsignal und Spektrum einer diskreten Fouriertransformation (5,25 Perioden)

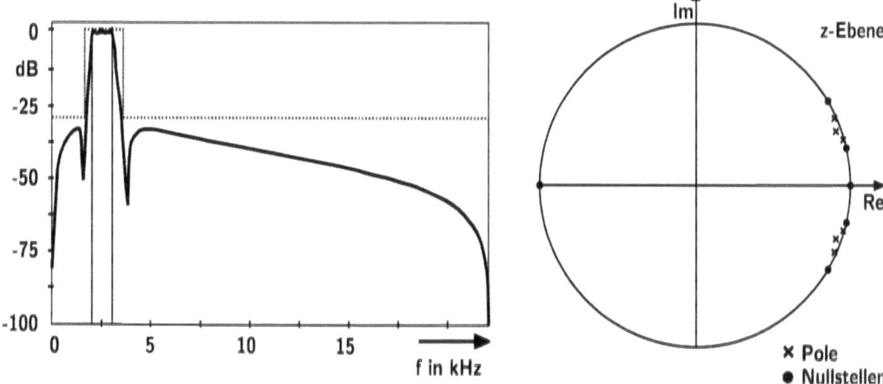

Abb. 13 Digitales Bandpassfilter 6. Ordnung, Frequenzgang und Pol-Nullstellendarstellung

platziert, um ein vorgegebenes Verstärkungs- und Dämpfungsverhalten zu erreichen. Die z-Ebene wird zur vereinfachten Darstellung von harmonischen Funktionen mithilfe der z-Transformation (zeitdiskrete Laplace-Transformation bzw. verallgemeinerte Fourier-Transformation) verwendet. Folgende Grundregeln für das Platzieren von Nullstellen können aufgestellt werden:

1. Pole und Nullstellen müssen entweder reell sein oder in konjugierten Paaren auftreten.
2. Ein Pol bei $z = 0$ bewirkt eine Multiplikation der Übertragungsfunktion mit $e^{-j\omega t}$, wodurch nur der Phasengang und nicht die Amplitudenverstärkung beeinflusst wird.
3. Ein Pol (oder eine Nullstelle) auf dem Einheitskreis bedeutet, dass $\underline{H}(j\omega)$ bei einer bestimmten Frequenz Unendlich (oder Null) ist.

4. Ein Pol außerhalb des Einheitskreises bedeutet Instabilität in dem Sinne, dass die Filterantwort auf einen Impuls anwächst statt abklingt.
5. Pole, die nicht auf der reellen Achse liegen, verursachen i. a. Schwingungen im Ausgangssignal des Filters.

Anschaulich kann man den Frequenzgang aus den Pol-Nullstellen-Diagrammen in der z-Ebene folgendermaßen ablesen:

Man stelle sich die z-Ebene als eine Zeltplane vor. Die Polstellen repräsentieren unendlich lange Stäbe, die unter die Plane gestellt werden, die Nullstellen schwere

Gewichte, die auf die Plane gelegt werden. Die Höhenverteilung entlang des Einheitskreises stellt nun den Amplitudenfrequenzgang des Filters dar.

Grundsätzlich lassen sich Digitalfilter in zwei Klassen einteilen: FIR- und IIR- Filter.

7.1 IIR-Filter

IIR-Filter ermöglichen die Näherung einer gewünschten Funktion durch Platzierung von Pol- und Nullstellen in der komplexen Ebene. Daraus resultiert eine gebrochen rationale Übertragungsfunktion die das Approximationsproblem mit sehr geringer Ordnung löst. Die Koeffizienten repräsentieren dabei die vorwärts gekoppelten Zweige (Nullstellen in der komplexen Ebene) und die a-Koeffizienten die rückgekoppelten Zweige (Polstellen). Grafisch lässt sich ein solches Filter durch das Blockschaltbild 14 veranschaulichen.

$$H(z) = \frac{\sum_{n=0}^{N} b(n)z^{-n}}{\sum_{n=0}^{N} a(n)z^{-n}} \qquad (29)$$

Der Ausgang $y(n)$ des Filters besteht aus zurückliegenden durch die Koeffizienten gewichteten Ein- und Ausgangswerten. Durch die Rückkopplung ist die Impulsantwort des Filters theoretisch unendlich lang (Infinite Impulse Response).

IIR-Filter liefern zum gewählten Amplitudengang eine feste Phase und sind wegen der Rückkopplungen nicht unbedingt stabil, benötigen dafür allerdings bei gleicher Amplitudenvorgabe eine erheblich geringere Ordnung unabhängig von dem zu beeinflussenden Frequenzbereich.

7.2 FIR-Filter

Das FIR-Filter erreicht die Approximation der gewünschten Funktion durch Platzierung von Nullstellen im Einheitskreis, während alle Polstellen im Ursprung liegen. Die Übertragungsfunktion eines FIR-Filters lautet

$$H(z) = \sum_{n=0}^{N} b(n)z^{-n} \qquad (30)$$

und lässt sich wie in Abb. 15 durch ein Blockschaltbild darstellen.

FIR-Filter sind rückkopplungsfrei und damit unbedingt stabil, da der Ausgang nur von den Eingangswerten abhängt. Die Impulsantwort des Filters ist somit gleich den Koeffizienten, sowohl im Betrag als auch in der Anzahl, welche die Ordnung des Filters bestimmt. Die Impulsantwort besitzt eine endliche Länge (Finite Impulse Response).

FIR-Filter erlauben die getrennte Einstellung von Betrag und Phase. Zu tiefen Frequenzen werden FIR-Filter allerdings sehr lang, da eine volle Schwingung der zu verändernden Frequenz in das Koeffizientenfenster passen sollte.

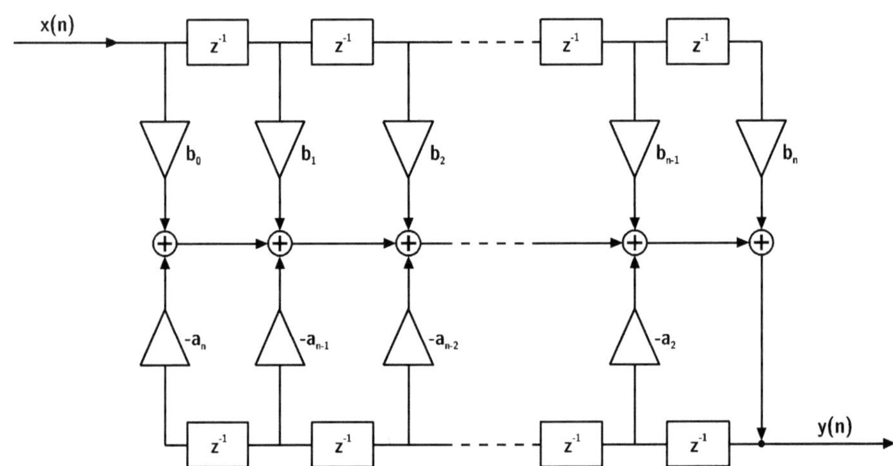

Abb. 14 Blockschaltbild eines IIR-Filters

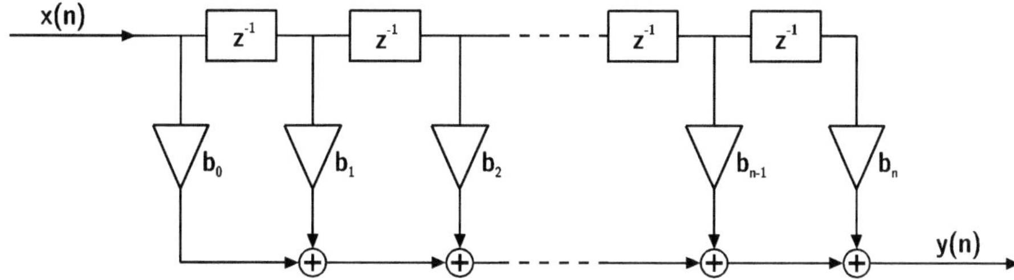

Abb. 15 Blockschaltbild eines FIR-Filters

Bei der Messung sehr kurzer Nachhallzeiten, wie sie beispielsweise bei der Bestimmung von Verlustfaktoren von Körperschallfeldern auf Strukturen auftreten, stellt das verwendete Bandpassfilter ein Element dar, das zwar die gewünschte Filterung des breitbandigen Messsignals im Frequenzbereich vornimmt, aber zusätzlich eine unerwünschte Verzerrung der Impulsantwort im Zeitbereich bewirkt. Da die Nachhallzeitbestimmung auf eine Analyse der gefilterten Impulsantwort im Zeitbereich zurückgeführt werden kann, führen diese Verzerrungen zu einer falschen Bestimmung der Nachhallzeit und somit auch des Verlustfaktors. Voruntersuchungen zeigten, dass der Messfehler durch Verwendung spezieller Filter bzw. spezieller Filterverfahren reduziert werden kann.

Zeitinvertierte minimalphasige Filter haben im Zeitbereich eine relativ lange Einschwingzeit, aber eine kurze Ausschwingzeit. Diese Eigenschaft hat einen günstigen Einfluss auf die Bestimmung der Nachhallzeit, da bei der Filterung der Impulsantwort mit dem Filter nur der kurze Ausschwingvorgang des Filters mit der langen Ausschwingzeit der Impulsantwort multipliziert wird. Sie führen jedoch zu einer Verlängerung der Signallaufzeit, was u. U. die Echtzeitanwendung einschränken könnte. Messungen belegten jedoch eine deutliche Verkürzung der Filter- Nachhallzeiten bei Verwendung der zeitinvertierten Filterung.

8 Echtzeit-Frequenzanalyse

Die üblicherweise in modernen Schallpegelmessern eingebauten Terz- und Oktavfilter werden durch digitale Filter realisiert. Die Besonderheit besteht darin, eine schnelle Ausgabe der Effektivwerte und Schalldruckpegel in allen Frequenzbändern in „Echtzeit" auszuführen, sodass sich alle Angaben zum gemessenen Schalldruck auf den gleichen Zeitraum der Integration in FAST- oder SLOW- Anzeigen beziehen (siehe Abb. 16).

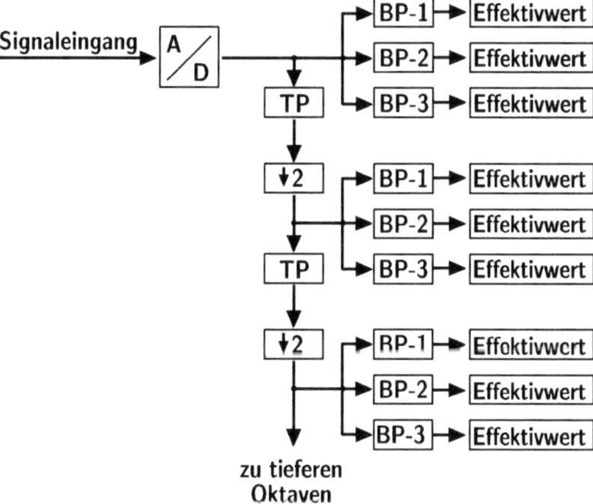

Abb. 16 Echtzeit-Terzanalysator. Das Signal wird abgetastet und analog-digital umgesetzt (Abtastrate 64 kHz). Jede Oktav ist in drei Terzbändern unterteil. Das Signal jeder nächst tieferen Oktav ist tiefpassgefiltert und durch Auslassung jedes zweiten Abtastwerts unterabgetastet. Das Blockschaltbild entspricht der Implementierung der Filter im Analysator Nor830 (Norsonic AS)

9 Messung von Übertragungsfunktionen und Impulsantworten

Die reine Frequenzanalyse nach Abschn. 8 kann sowohl bei tönenden Messobjekten wie bei Schallübertragungsmessungen (Raumakustik, Bauakustik, Elektroakustik usw.) eingesetzt werden. Die Frequenzauflösung ist jedoch durch die Breite der Bandpassfilter begrenzt. Eine tiefer gehende Betrachtung der Signalübertragung ist daher notwendig.

In Abb. 17 wird das Messobjekt wiederum als lineares zeitinvariantes System behandelt (LTI). Diese Voraussetzung ist die wichtigste aller hier behandelten digitalen Messverfahren und auch die Grundlage der Fourieranalyse (Abschn. 3). Ebenfalls im Bild ersichtlich ist die logische Kette von signaltheoretischen Operationen im Zeit- und Frequenzbereich, die über die Fouriertransformation eindeutig gekoppelt sind.

Da eine eindeutige Korrespondenz zwischen Zeit- und Frequenzbereich gegeben ist, ist es je nach Anwendungsfall frei wählbar, die eine oder die andere Schreibweise zu verwenden. Ein Raumakustiker beispielsweise würde die Betrachtung im Zeitbereich vorziehen, denn er ist an der Impulsantwort eines Raumes interessiert und würde die Komponenten seines Messsystems (Lautsprecher etc.) „entfalten" wollen. Jemand, der das Übertragungsverhalten eines akustischen Filters (z. B. Schalldämpfer) untersucht, würde die Betrachtungsweise im Frequenzbereich vorziehen.

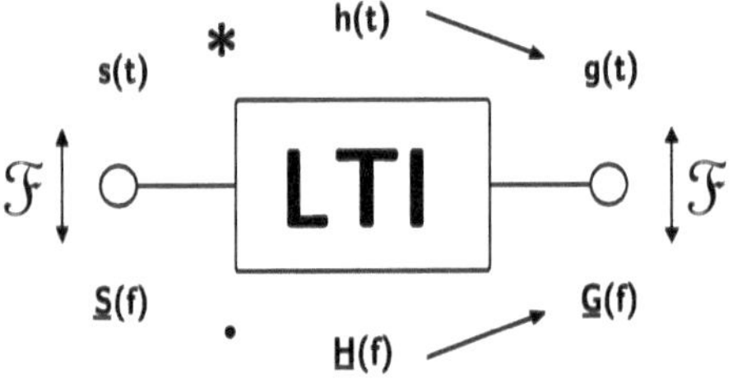

Abb. 17 Signalverlauf im LTI-System im Zeitbereich und Frequenzbereich

Der Signalweg formuliert im Zeitbereich liest sich

$$g(t) = s(t) * h(t) = \int_{-\infty}^{\infty} s(\tau)h(t - \tau)d\tau \quad (31)$$

Das gleiche formuliert im Frequenzbereich bedeutet

$$\underline{G}(\omega) = \underline{S}(\omega) \cdot \underline{H}(\omega) \quad (32)$$

Während die zentrale Gleichung zur Bestimmung der Systemeigenschaften im Frequenzbereich

$$\underline{H}(\omega) \equiv \frac{\underline{G}(\omega)}{\underline{S}(\omega)} \quad (33)$$

lautet, kann man das gleiche im Zeitbereich durch eine sog. „Entfaltung" ausdrücken:

$$h(t) = g(t) * s^{-1}(t) \quad (34)$$

mit $s{-}1(t)$ als Signal mit dem inversen Spektrum $1/\underline{S}(\omega) \cdot s^{-1}(t)$ wird üblicherweise „Matched Filter" genannt (siehe Abschn. 11).

Anmerkung: In diesem Abschnitt werden die Signaltransformationen und die Signalverarbeitung aus Gründen der besseren Lesbarkeit in kontinuierlicher Form beschrieben. Im Rechner oder im Messgerät sind die Signale selbstverständlich in digitalisierter, d. h. in diskreter Form gespeichert (vergl. Gl. 25).

Falls $\underline{S}(\omega)$ ein frequenzkonstantes (weißes) Leistungsdichtespektrum besitzt, gilt

$$1/\underline{S}(\omega) = \text{const} \cdot \underline{S}^*(\omega) \quad (35)$$

und

$$s^{-1}(t) \equiv s(-t) \quad (36)$$

und Gl. (34) kann auch in

$$h(t) = g(t) * s(-t) = g(t) \otimes s(t)$$
$$= \int_{-\infty}^{\infty} g(\tau)s(t + \tau)d\tau \quad (37)$$

umgeformt werden, was bedeutet, dass man $h(t)$ auch durch eine Kreuzkorrelation von $g(t)$ und $s(t)$ erhalten kann.

Offenbar sind Gl. 33, 34 und 37 absolut äquivalent, solange man breitbandige und im Betrag „weiße", d. h. frequenzkonstante Signal verwendet. Unterschiede finden sich jedoch im Phasengang der Anregungsspektren und den daraus resultierenden Zeitverläufen, was teilweise erheblichen Einfluss auf die Aussteuerbarkeit von Endstufen oder Lautsprecher hat [3]. Man stelle sich nur vor, dass z. B. eine gleitender Sinuston und ein Dirac-Stoß gleiche Betragsspektren besitzen können, dass aber die Maximalamplitude dieser Signale bei gleichem Energieinhalt drastisch unterschiedlich ist.

Wichtig anzumerken ist, dass die digitale Repräsentierung der Signal und Spektren weitere Konsequenzen haben, die beachtet werden müssen. Wesentlich dabei ist die endliche Länge T_{rep} des Anregungssignals und eine eventuelle Periodizität des Anregungssignals, die zum Zwecke der kohärenten Mittelung ausgenutzt werden kann. Falls ein periodisches Signal vorliegt, besteht dessen Spektrum aus einer Reihe frequenzdiskreten Linien (Linienspektrum) mit einem Linienabstand δf, mit

$$\delta f = \frac{1}{T_{\text{rep}}} \tag{38}$$

Um sicherzustellen, dass das System eingeschwungen ist, was z. B. bedeutet, dass alle eventuellen Moden hinreichend angeregt werden, müssen die Linien genügend dicht liegen (Abb. 18).

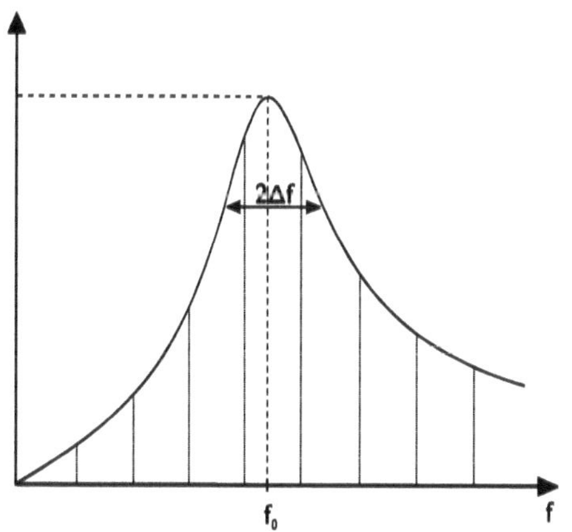

Abb. 18 Resonanzkurve mit Halbwertsbreite $2\Delta f$ bei diskreter Frequenzabtastung im Abstand δf

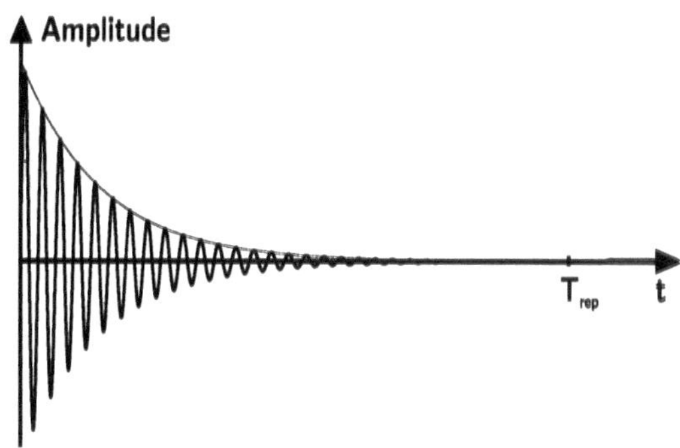

Abb. 19 Ausschwingvorgang an einem Resonanzsystem

Man kann den gleichen Sachverhalt auch dadurch ausdrücken, dass die Signaldauer genügend lang sein muss, d. h. so lang wie das System braucht, um ein- oder auszuschwingen (Abb. 19).

In der Raumakustik beispielsweise ist dies mindestens erreicht, wenn

$$T_{\text{rep}} \geq T \tag{39}$$

ist, mit der Nachhallzeit T.

Bei der kohärenten Mittelung über mehrere Signalperioden nutzt man aus, dass sich die Signalanteile phasenrichtig überlagern, wohingegen unkorrelierte Störgeräusche sich inkohärent überlagern. Man gewinnt somit bei N Mittelungen

$$\Delta_{\text{av}} = 10 \lg N \, [dB] \tag{40}$$

an Signal-Rauschabstand.

10   2-Kanal-FFT-Technik

Die Messung und die nachfolgende Signalverarbeitung werden unmittelbar im Frequenzbereich formuliert und durchgeführt [4]. Eingangs- und Ausgangssignal werden simultan gemessen, mit FFT-Verfahren transformiert und einer komplexen Division unterzogen (Gl. 33). Eine wichtige Voraussetzung ist eine hinreichende Breitbandigkeit, d. h. das Anregungssignal darf keine „Nullen" im Spektrum aufweisen, da ansonsten die Division unmöglich wäre. Jedwedes Signal der Länge 2^m kann verwendet werden, wobei sich aus Gründen der optimalen Aussteuerung gleitende Sinussignale (Sweeps, Chirps) oder deterministisches Rauschen bewährt haben.

Nach Durchführung der Spektrumsdivision kann die Impulsantwort, falls erforderlich, über eine inverse Fourier-Transformation ermittelt werden.

$$h(t) = \mathcal{F}^{-1}\{\underline{H}(\omega)\} = \int\limits_{-\infty}^{\infty} \underline{H}(\omega)e^{j\omega t}d\omega \quad (41)$$

10.1 Generierung von angepassten Messsignalen

An das zu messende System angepasste Anregungssignale können im Vorhinein oder aus der Messung selbst geschätzt werden. Dazu geht man davon aus, dass das Referenzsignal (unterer Pfad in Abb. 20) ermittelt wurde und für die Quotientenbildung zur Verfügung steht. Dieses Referenzsignal könnte vorab durch eine Messung ohne System, bei der Ausgang und Eingang direkt verbunden werden, gewonnen werden. Dies kann also auch mit einer einkanaligen Messapparatur durchgeführt werden, was den Vorteil hat, keine zwei Kanäle relativ zueinander kalibrieren zu müssen.

Sofern man periodischen Anregungssignalen gearbeitet wird, wird das Ergebnis, also die erhaltene Impulsantwort ebenfalls periodisch sein. Es muss daher darauf geachtet werden, dass die erzwungene Periodizität keine Verfälschung der Impulsantwort nach sich zieht. Die Impulsantwort muss hinrechend abgeklungen sein, bevor ihre nächste periodische Wiederholung beginnt. In diesem Falle ist dann (irgend)

eine Periode identisch mit der aperiodisch gewonnenen Impulsantwort. Falls die Periode zu klein gewählt wurde, kommt es zum Effekt des sog. „Time-Aliasing", ähnlich wie bei den durch Abtastung entstehenden gespiegelten Alias-Spektren.

Neben einer ausreichenden Dauer des Messsignals kann das optimale Spektrum diskutiert werden. Das einfachste Spektrum ist das sog. weiße Spektrum mit konstantem Amplituden-Frequenzgang (siehe Abb. 21).

Offenbar haben alle drei Messignale das gleiche Amplitudenspektrum und unterscheiden sich nur im Phasenspektrum. Ein Impuls (Dirac-Stoß) besitzt ein Phasenspektrum von Null, d. h. alle Frequenzen „starten" bei $t = 0$ gleichzeitig mit Phase 0. Das Phasenspektrum von stochastischem oder deterministischem Rauschen (z. B. Maximalfolgen, s. Abschn. 12) besitzt zufällige Werte. Bei ansteigendem Phasenspektrum entsteht ein gleitender Sinuston, den man auch „Sweep" oder „Time- Stretched Pulse" nennt. Die Zeitsignalen in der rechten Spalte besitzen die gleiche Energie. Man beachte die Teilung auf der Spannungsachse. Der Impuls müsste mit einer unvergleichlich höheren Amplitude erzeugt und abgestrahlt werden als ein Rauschen oder ein Sweep.

In vielen Messungen an akustischen Systemen ist eine Anregung mit einem Signal von flachem Spektrum jedoch nicht die ideale Lösung. Umgebungsgeräusche, Rauschen in der Messkette, die Übertragungseigenschaften von Lautsprechern und Mikrofonen usw. weisen spezifische Spektren auf. Das ideale Anregungssignal liegt in einem konstanten Abstand über all diesen Störeinflüssen und berücksichtigt

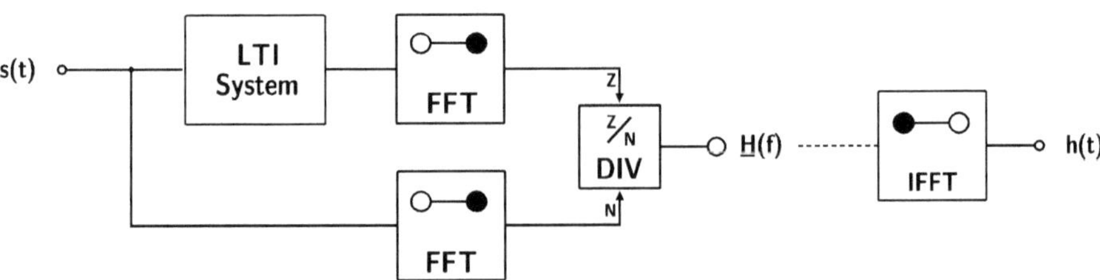

Abb. 20 Zweikanal-FFT-Messtechnik

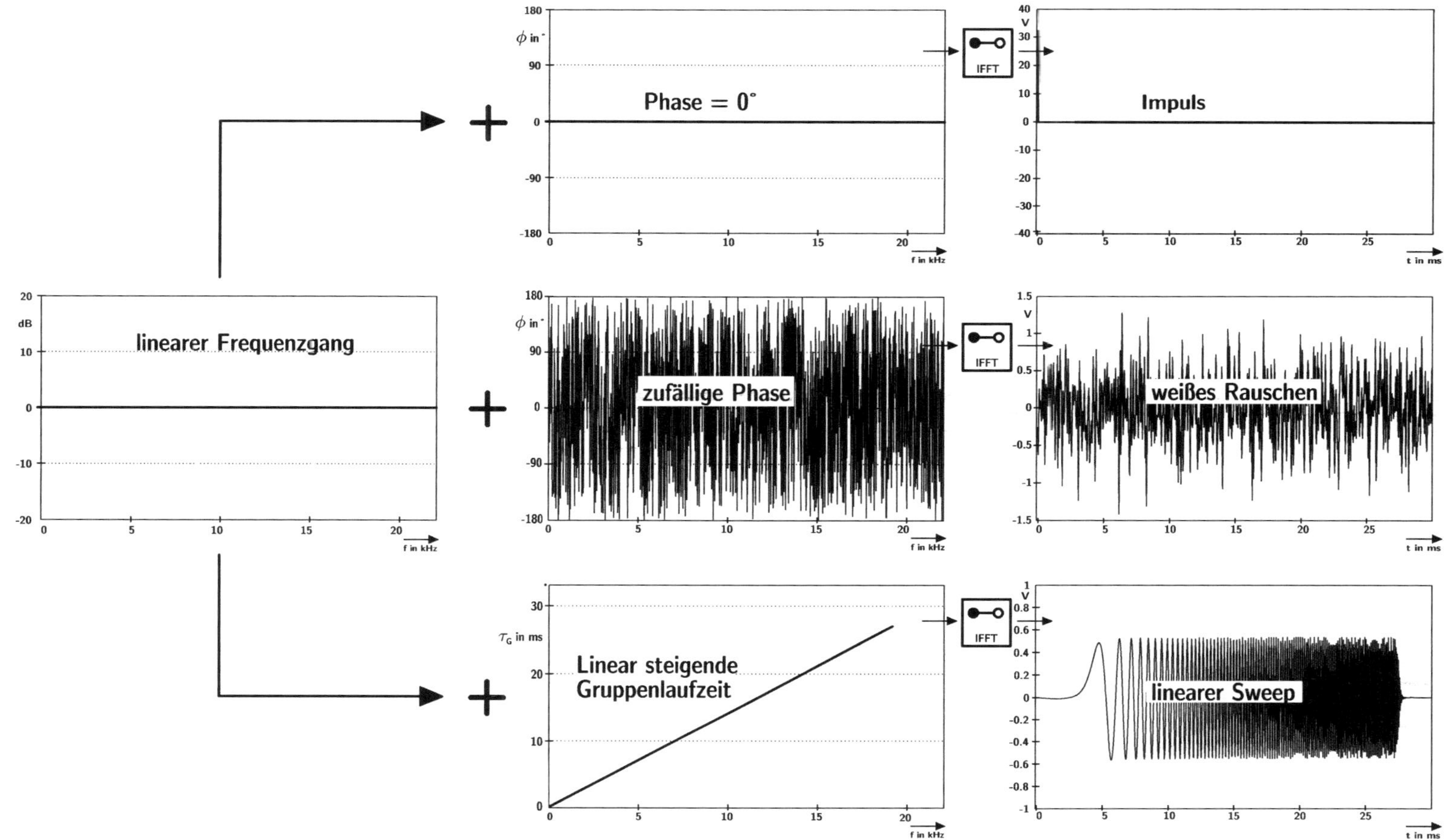

Abb. 21 Drei Arten von weißen Signalen: Impuls, Rauschen und Sweep. (Nach Müller [5, 6])

zudem die Frequenzgänge der beteiligten Wandler. Beispielsweise Störgeräusche aus Straßenverkehr oder Klimaanlagen sind besonders bei tiefen Frequenzen relevant, Rauschen dagegen bei hohen. Statt eines weißen Anregungssignals werden oft rosa oder rote gefärbte Signale verwendet, mit einem Spektrum von −3 oder −6 dB pro Oktav. Eine Anhebung bei tiefen Frequenzen schont zudem die Hochtöner von Lautsprechersystemen.

Die nächste konsequente Färbung von Anregungssignalen zielt auf die Entzerrung der beteiligten Wandler. Bei raumakustischen Messungen möchte man die Balance des Schalldruckpegels im Raum (z. B. als Terzspektrum) diskutieren können, ohne den Einfluss des Messlautsprechers beachten zu müssen. Nun sind insbesondere gleitende Sinustöne („Sweeps") geeignet, da sie in Pegel und Frequenzinkrement in vielfältiger Weise gesteuert werden können [5],

Sweeps haben in der Tat einige Vorteile gegenüber anderen breitbandigen Signalen. Dies liegt an der flexiblen Möglichkeit, Amplitude und Phase gezielt verändern zu können, ohne dass extreme Spitzen im Signal entstehen. Dadurch werden niedrige Crest-Faktoren erzielt und die elektronischen Komponenten des Messsystems geschont.

Im Frequenzbereich lassen sich Sweeps durch Wahl der Amplituden aller spektralen Linien und einer geeigneten ansteigenden Phase bzw. Gruppenlaufzeit erzeugen und durch inverse FFT in den Zeitberich transformieren. Die Gruppenlaufzeit ist gegeben durch

$$\tau = -\frac{1}{2\pi}\frac{\partial \varphi}{\partial f} \qquad (42)$$

definiert, wobei φ die frequenzabhängige Phasenfunktion des Signals ist. Ein starker Anstieg bedeutet ein langsam fortschreitendes Frequenzinkrement, da die „Wartezeit" für den Frequenzfortschritt lang ist. Somit wird viel Signalenergie in diesem Frequenzbereich platziert.

Ein flacher Anstieg der Gruppenlaufzeit in einem Frequenzband bedeutet dagegen ein schnelles Fortschreiten und wenig Signalenergie in diesem Band.

Einen Sweep mit konstanter Amplitude, aber dennoch angepasster spektraler Energiegewichtung kann man somit aus Formung der Gruppenlaufzeit konstruieren. Dazu wird die Ableitung der Gruppenlaufzeit $\partial \tau_G(f)/\partial f$ mit der gewünschten Energie des Spektrums der Anregung, $|S(f)|^2$, proportional verbunden [5].

Ein FFT-Spektrum wird dann mit konstanter Amplitude und folgenden Gruppenlaufzeiten rekursiv gebildet:

$$\tau_G(f) = \tau_G(f - \Delta f) + C \cdot |H(f)|^2 \qquad (43)$$

wobei Δf der Frequenzabstand im FFT-Spektrum (Gl. 38) ist. C ist eine Normierung:

$$C = \frac{\tau_G(f_{\mathrm{END}}) - \tau_G(f_{\mathrm{START}})}{\displaystyle\sum_{f=0}^{f_{\mathrm{Abt}}/2} |H(f)|^2} \qquad (44)$$

Die Startzeit des Sweep sollte etwa der Periode der tiefsten Frequenz entsprechen und die Endzeit des Sweeps kleiner als N/f_{Abt} (N = Blocklänge der FFT) gewählt werden, um zu verhindern, dass hochfrequente und tieffrequente Anteile des Spektrums nicht jeweils periodisch ineinander übersprechen.

Sobald die Gruppenlaufzeit konstruiert wurde, kann das Phasenspektrum ermittelt werden:

$$\varphi(f) = \varphi(f - \Delta f) - 2\pi \cdot \Delta f \cdot \tau_G(f) \qquad (45)$$

mit $\Delta f = f_{\mathrm{Abt}}/N$ Ferner ist zu beachten, dass die Phase im letzten Frequenzschritt ($f_{\mathrm{Abt}}/2$) bei 0 oder π enden muss, da ansonsten kein rein reelles Zeitsgnal zuzuordnen ist. Dies kann z. B. durch leichte Neigung der Gruppenlaufzeit-Kurve erreicht werden. Das Zeitsignal des Sweep errechnet man durch inverse FFT, siehe Abb. 22.

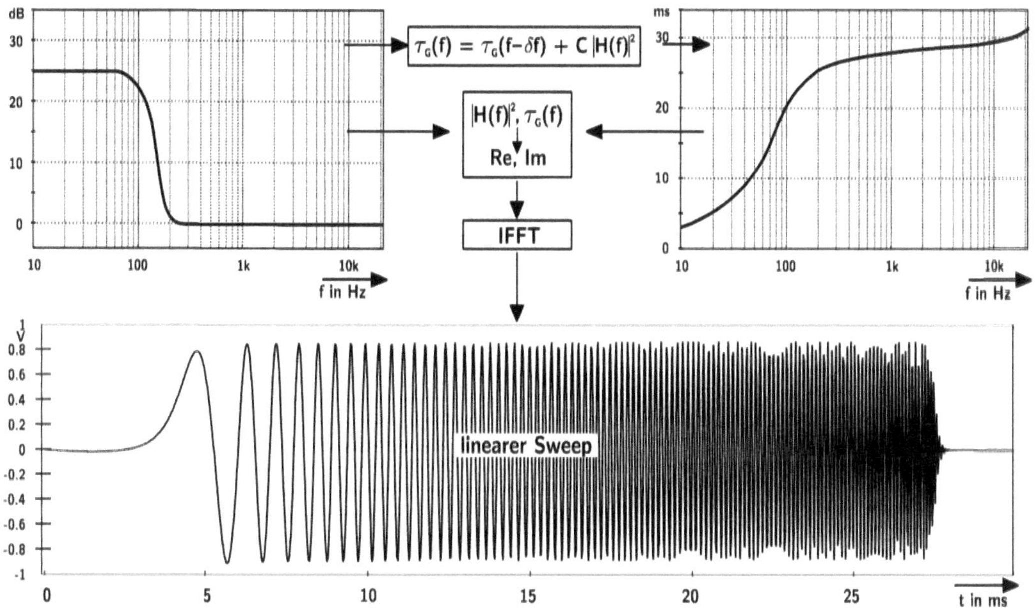

Abb. 22 Erzeugung eines Sweep mit konstanter Amplitude im Zeitsignal bei gleichzeitigem frei gewählten. Amplitudenspektrum. (Nach Müller und Massarani [5])

Weitere Formungen des Sweep sind gleichzeitig möglich, beispielsweise auch die Anhebung oder Absenkung der frequenzabhängigen Amplitude je nach Leistungsfähigkeit und Linearität des Messlautsprechers (Abb. 23).

10.2 Messung bei stochastischen Signalen

Manche Prozesse enthalten bereits akustische Signale, z. B. Lärmquellen wie Flugzeugtriebwerke oder Verbrennungsmotoren. Diese Signale sind normalerweise nicht oder nur sehr schwer zugänglich oder messtechnisch nutzbar und müssen so gemessen werden, wie sie prozesstechnisch vorliegen. Aber auch dabei lassen sich nicht nur die Signale an und für sich analysieren, sondern auch Übertragungsfunktionen von Komponenten der Signalkette. Mit der Messung zweier Zeitsignale, eines vor und eines hinter einer gewissen Übertragungsstrecke (z. B. einer akustischen Leitung, einer Körperschallübertragungsstrecke, einer Luftschallübertragungsstrecke zwischen zwei

Punkten in einem Raum oder auch zwischen zwei Räumen), deren komplexe Spektren mittels eines FFT-Analysators berechnet werden, lassen sich aus dem Kreuzleistungsspektrum $K_{xy}(\tau)$ die Eigenschaften der Übertragungsstrecke (in Form der komplexen stationären Übertragungsfunktion $\underline{H}(\omega)$ laufend [d. h. kontinuierlich]) bestimmen und auch mitteln, obwohl die Signale evtl. stochastischer Natur sind. Diese Art der Messtechnik ist sehr effektiv, wenn man stationäre Zufallsprozesse betrachtet, z. B. also Signale, die aus einer aerodynamischen Lärmquelle oder einem anderen primären stochastischen Schallerzeugungsprozess stammen.

Mit einem 2-Kanal-FFT-Analysator erfasst man das (vorhandene) Eingangssignal (Kanal A) und das Ausgangssignal (Kanal B). Typischerweise sind die Signale nicht periodisch und stationär. Die Signalabschnitte werden in Zeitfenstern (Frames) zerlegt und jeweils einer FFT unterzogen, um zu den jeweiligen Frames die Spektren zu erhalten. Diese Spektren werden dann in einem laufenden Mittelungsprozess weiterverarbeitet. Daraus resultieren drei Korrelationsspektren, die Autokorrelationsspektren

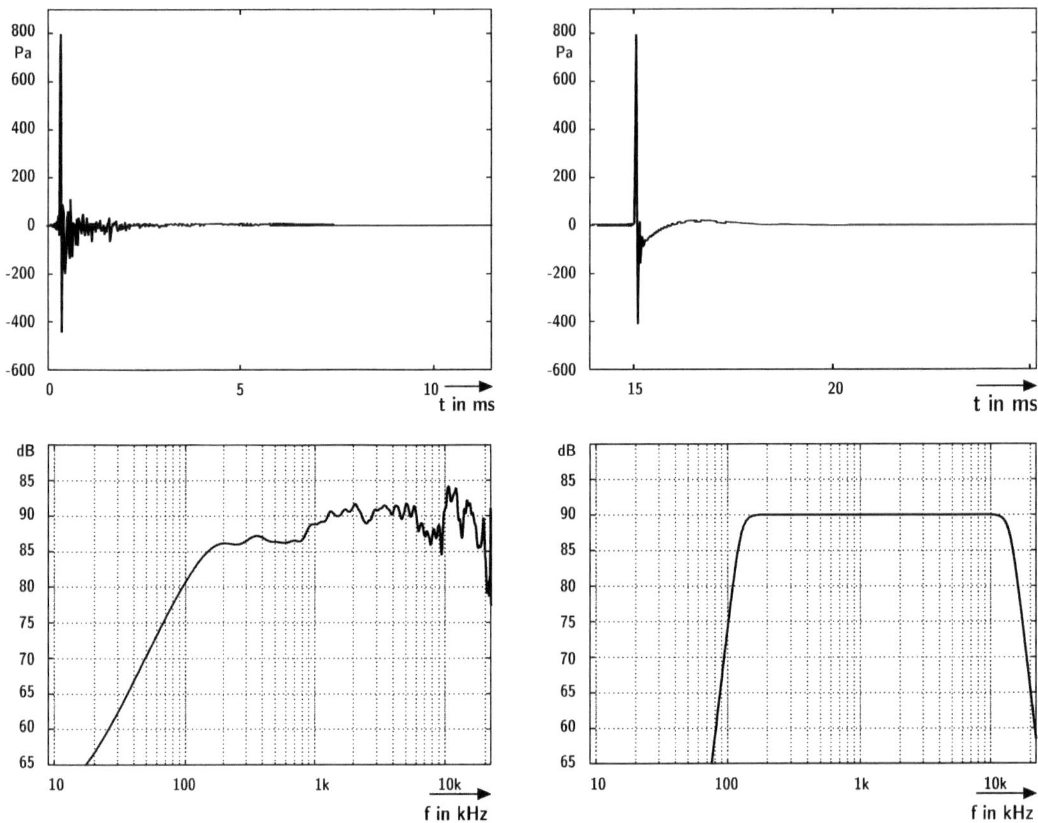

Abb. 23 Impulsantworten und Frequenzgänge eines Dodekaeder-Messlautsprechers vor (links) und nach (rechts) digitaler Entzerrung. Man beachte die Verschiebung der entzerrten Impulsantwort durch die Gruppenlaufzeit des Digitalfilters

G_{AA} und G_{BB} sowie das Kreuzleistungsspektrum G_{AB} (nach Müller [6]).

$$G_{AA}(f) = \frac{1}{n} \sum |A(f)|2$$

$$G_{BB}(f) = \frac{1}{n} \sum |B(f)|2$$

$$G_{AB}(f) = \frac{1}{n} \sum A^*(f) \cdot B(f)$$

(46)

Die beiden Autokorrelationsspektren sind reellwertig und addieren sich während der laufenden Messung beim Mittelungsprozess in gleicher Weise wie die Energie stochastischer Störgeräusche. Das Kreuzspektrum dagegen ist komplex und unkorreliert mit Störgeräuschen, wobei bei fortschreitender Mittelung die Störleistung relativ zur Kreuzleistung abnimmt.

Zur Übertragungsfunktion gelangt man wie immer durch Bildung des Quotienten von Ausgangs- und Eingangssignal, aber dieses Mal nicht durch direkte Berechnung von B/A, sondern unter Ausnutzung der Störgeräuschbefreiung durch Korrelation:

$$H(f) = \frac{A^*(f)B(f)}{A^*(f)A(f)} = \frac{G_{AB}(f)}{G_{AA}(f)}$$
$$= \frac{B^*(f)B(f)}{B^*(f)A(f)} = \frac{G_{BB}(f)}{G_{AB}^*(f)}$$

(47)

Unter idealen Bedingungen mit sehr großem Signal-zu-Rauschabstand liefern beide Quotienten identische Ergebnisse. Bei Überwiegen der Störgeräusche in A ist G_{BB}/G^*_{AB} eine bessere Annäherung an $H(f)$. Typischer bei akustischen

Messungen ist allerdings, dass das Störgeräusch ausgangsseitig stärkere Einflüsse hat. Dann ist G_{AB}/G_{AA} ein besseres Maß für $H(f)$.

Die Störgeräuscheanteile in der Messung werden durch die Kohärenzfunktion

$$v^2(f) = \frac{H_1(f)}{H_2(f)} = \frac{|G_{AB}|^2}{G_{AA} \cdot G_{BB}} \qquad (48)$$

und

$$\text{SNR} = \frac{v^2(f)}{1 - v^2(f)} \qquad (49)$$

quantifiziert, einer Größe, die bei laufender Messung ermittelt oder gleich zur Festlegung der Messdauer vorgegeben werden kann.

Wichtig zu erwähnen ist die Tatsache, dass bei den FFT-Verarbeitungen der Messungen die erzwungene Periodizität und die damit zusammenhängenden Artefakte beachtet bzw. mit Fenstern (Abschn. 6.1) reduziert werden müssen (Abb. 24).

11 Direkte (aperiodische) Entfaltung

Diese Art der Anregungssignale und der Signalverarbeitung basiert auf dem Ansatz der „Matched Filter". Das Signal $s(t)$ selbst ähnelt wiederum meistens einem „Sweep" oder „Chirp"; die Signalverarbeitung folgt der diskreten Faltung im Zeitbereich (Gl. 34).

Das Matched Filter einer „weißen" Sequenz wird einfach aus der rückwärts gelesenen Signalsequenz ermittelt (siehe auch Gl. 35 und 36):

$$s^{-1}(t) = s\left(T_{\text{Rep}} - t\right) \qquad (50)$$

Bei anderen als weißen Signalspektren muss das Filter $s^{-1}(t)$ (Gl. 34) spezifisch über Spektrumsdivision ermittelt werden.

Ein großer Vorteil dieser Technik ist, dass das Problem der Time-Aliasing repetierender Sequenzen gemildert werden kann. Bei extrem langen Impulsantworten können somit extreme lange FFT-Blocklängen vermieden werden. Die Sequenz wird nur einmal ausgesendet, während das Empfangssignal über einen theoretisch beliebig langen Zeitraum aufgezeichnet werden kann. Es handelt sich also um eine direkte Entfaltung im Zeitbereich. Da keine FFT verwendet wird, entfallen zudem die Probleme der Periodizität (Time-Aliasing, siehe Abb. 9). Die Verarbeitungszeit ist allerdings um Größenordnungen länger als bei FFT-Verfahren, ein Argument, welches im Laufe der Jahre immer bedeutungsloser wird (Abb. 25 und 26).

12 Maximalfolgen

Die Maximalfolgen-Korrelationsmesstechnik ist eine spezielle Form der Impulsmesstechnik und wurde ursprünglich für die Messung von Laufzeiten entwickelt. Jedoch auch zur Bestimmung von Impulsantworten und Übertragungsfunktionen

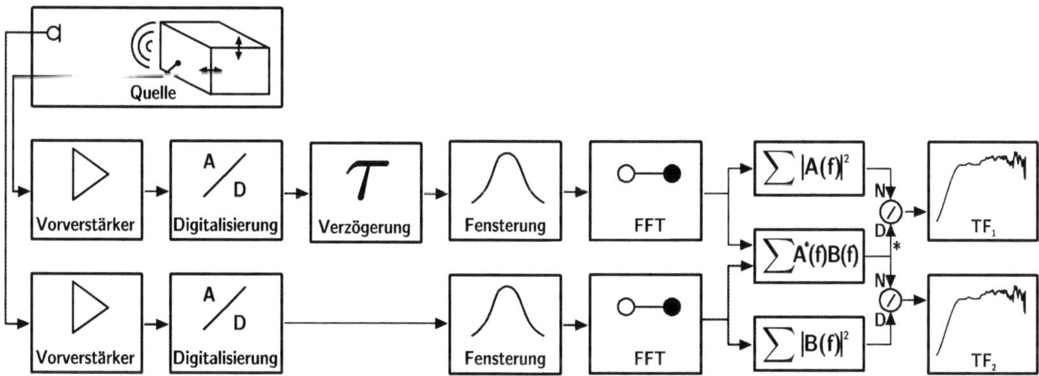

Abb. 24 Zweikanal-FFT-Messtechnik mit stochastischen, nicht PC-synchronisierten Signalen. Das Referenzsignal (oberer Kanal) wird an der Quelle abgegriffen. (Nach Müller [6])

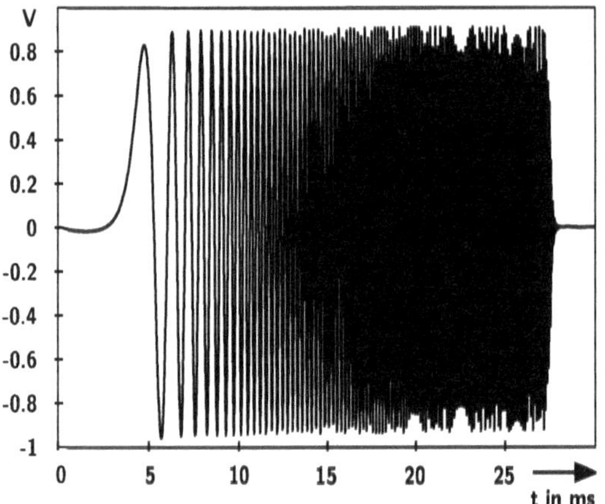

Abb. 25 Anregungssignal für die „Matched-Filter-Technik" („Chirp")

und misst somit empfangsseitig unmittelbar die System-Impulsantwort $h(t)$:

$$g(t) = \int\limits_{-\infty}^{\infty} h\left(t'\right)\delta\left(t - t'\right)dt' \approx h(t) \qquad (51)$$

Das Faltungsintegral der Korrelationsmesstechnik lautet dagegen

$$\Phi_{sg}(\tau) = \int\limits_{-\infty}^{\infty} h\left(t'\right)\Phi_{ss}\left(\tau - t'\right)dt' \approx h(\tau) \qquad (52)$$

kann die Korrelationstechnik eingesetzt werden. Der wesentlichste Vorteil ist die Möglichkeit, zeitlich ausgedehnte Signale zu verwenden und dennoch eine Impulsantwort zu erhalten. Dadurch werden Anforderungen an maximale Amplituden enorm herabgesetzt. Die Impulsdarstellung der Messergebnisse erfolgt nämlich nicht durch direkte Anregung, sondern durch nachträgliche Signalverarbeitung.

Bei direkter Impulsanregung nähert man mit dem Anregungssignal einen Dirac- Stoß $\delta(t)$ an

Es enthält statt des Anregungssignals $s(t)$ dessen Autokorrelationsfunktion $\Phi_{ss}(\tau)$ und die Kreuzkorrelationsfunktion $\Phi_{sg}(\tau)$ des Empfangssignals $g(t)$ mit dem Anregungssignal. Es muss also nicht das Anregungssignal selbst einem Dirac-Stoß möglichst nahe kommen, sondern lediglich dessen Autokorrelationsfunktion. Dies führt zu erheblich günstigeren Bedingungen für die Aussteuerung des Systems und für das resultierende S/N-Verhältnis. Als Preis für diese Erleichterung muss die Kreuzkorrelation $\Phi_{sg}(\tau)$ des Empfangssignals gemessen oder berechnet werden.

Sehr interessante Ausführungen analoger Kreuzkorrelationsbildung findet man beispielsweise in Form von speziellen Rayleighwellenfiltern (SAW-Devices) als Verzögerungsleitungen

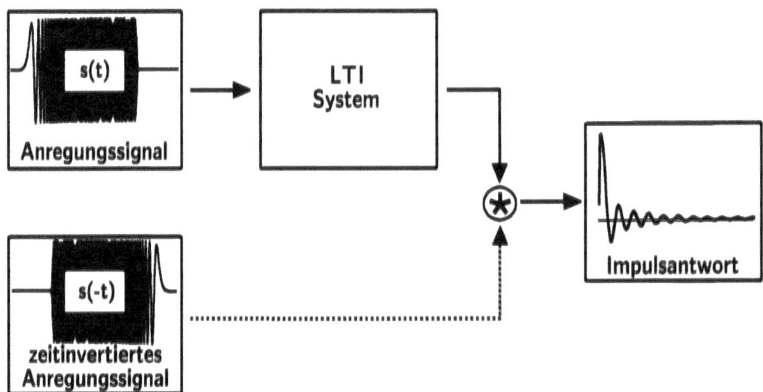

Abb. 26 Diskrete Entfaltung (Matched Filter)

(matched filtering) oder in Barker-codierten geschichteten piezoelektrischen Ultraschallwandlern. In der digitalen Welt bedient man sich nach Abtastung der zu verarbeitenden Signale effizienter mathematischer Algorithmen, die im folgenden am Beispiel der Maximalfolgenmesstechnik näher erläutert werden sollen.

12.1   Maximalfolgen – „MLS"

Maximalfolgen sind periodische binäre pseudostochastische Rauschsignale mit einer Autokorrelationsfunktion, die einer Dirac-Stoß-Folge sehr nahe kommt. Sie werden aus einem deterministischen (exakt reproduzierbaren) Prozess mithilfe eines rückgekoppelten binären Schieberegisters gewonnen [7, 8]. Ist m die Länge (Ordnung) des Schieberegisters, so können maximal $L = 2^m - 1$ von Null verschiedene Zustände des Registers vorliegen. Nur bei einer geeigneten Rückkopplungsvorschrift erreicht man die „maximale" Länge einer Periode der Folge

(maximum-length sequence, m-sequence, MLS). Es gibt für alle Ordnungen mindestens eine Vorschrift, welche dies leistet. In der praktischen Realisierung einer bipolaren Sendefolge wird „1" einem positiven Signalwert zugeordnet und „0" dem entsprechenden negativen Wert gleicher Amplitude.

Maximalfolgengeneratoren werden schon recht lange in handelsüblichen Frequenzanalysatoren als Ersatz für frühere analoge Rauschgeneratoren eingesetzt. Die Folgenlänge wird dann so groß gewählt (typischerweise $m \geqslant 30$, $L > 10^9$), dass die (Abb. 27).

Periodizität des Signals sich nicht störend bemerkbar macht. Die wirklich hervorstechenden Vorteile der Maximalfolgenmesstechnik, nämlich deren fast ideal Dirac- Stoß-förmige Autokorrelationsfunktion werden dabei allerdings nicht ausgenutzt.

Regt man ein LTI-System mit einer stationären Maximalfolge $s_{\mathrm{Max}}(t)$ an, so entsteht empfangsseitig zunächst das Faltungsprodukt $s_{\mathrm{Max}}(t) * h(t)$. Dieses Signal wird synchron mit

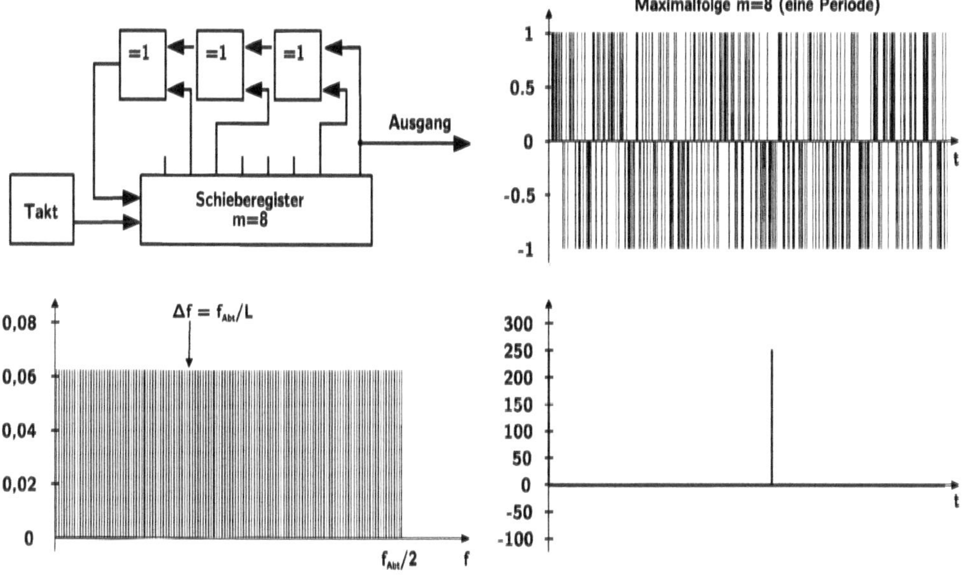

Abb. 27 Erzeugung und Verarbeitung von Maximalfolgen, Oben links: Generator (Schieberegister 3, Ordnung), oben rechts: Maximalfolge des Grades 8 ($m = 2^3 = 8$) mit der Länge $L = 2^m - 1 = 255$, unten links: Spektrum (Betrag), unten rechts: Autokorrelationsfunktion

dem Takt Δt des Schieberegisters abgetastet. Die Kreuzkorrelation mit dem Anregungssignal (siehe Gl. 8) erfolgt rechnerisch durch Faltung mit dessen zeitinversem Signal $s_{\mathrm{Max}}(-t)$:

$$
\begin{aligned}
s_{\mathrm{Max}}(t) * h(t) * s_{\mathrm{Max}}(-t) &= s_{\mathrm{Max}}(t) * s_{\mathrm{Max}}(-t) * h(t) \\
&= \Phi_{\mathrm{Max}}(t) * h(t) \qquad (53) \\
&\approx \delta(t - iL\Delta t) * h(t)
\end{aligned}
$$

mit $i = 0, \pm 1, \pm 2, \ldots$ als Zählparameter einer Dirac-Stoß-Folge der Periode $L\Delta t$. Es gibt bei der Anwendung der Maximalfolgenmesstechnik zwei wichtige Voraussetzungen, die für Messungen mit Einzelimpulsen keine so große Relevanz haben. Die erste ist diejenige einer genügend hohen Blocklänge L. Die zu messende Impulsantwort muss bis zu der L entsprechenden Zeit $(L\ \Delta t)$ abgeklungen sein. Dies ist eine unmittelbare Folgerung aus der Periodizität der Autokorrelationsfunktion. In der Raumakustik würde man z. B. einen Schätzwert für die Nachhallzeit als Maßstab für die Blocklänge wählen. Ist diese Bedingung nicht erfüllt (sog. „Time-Aliasing"), überlappen sich die periodisch wiederholten Impulsantworten. Die zweite (dazu äquivalente) Forderung ist diejenige der Messung des Systems im eingeschwungenen Zustand. In der Praxis würde nach Starten des Maximalfolgensignals vor Registrierung der gemessenen Sequenz eine Periode abgewartet.

Die Autokorrelationsfunktion einer stationären, periodisch wiederholten Maximalfolge ist eine Folge von Einzelstößen der Höhe L mit einem sehr kleinen negativen Offset von -1 und mit der gleichen Periode wie die Maximalfolge (im Beispiel $L = 255$). Jeder Einzelstoß enthält praktisch die gleiche Energie wie die gesamte Maximalfolge innerhalb einer Periode. Der theoretische Dynamikgewinn gegenüber einer Messung mit Einzelimpuls beträgt daher

$$
D = 10\log(L + 1) \approx m \cdot 3 \ [\mathrm{dB}] \qquad (54)
$$

wobei vorausgesetzt wird, dass das LTI-System (z. B. ein Lautsprecher) mit einem bestimmten Spitzenpegel angeregt werden kann, ohne dass merkliche Verzerrungen durch Nichtlinearitäten entstehen. Der Spitzenpegel von Impuls und Maximalfolge sei dabei als gleich angenommen. In PC-gestützten Maximalfolgenmesssystemen kann D in der Größenordnung von 40 dB (Ordnung 14) bis 60 dB (Ordnung 21) liegen, zuzüglich des Gewinns durch Mittelung.

Bis zu dem bisher Gesagten weisen Maximalfolgen keine wesentlich anderen Vorteile auf als ähnliche deterministische und periodische Signale mit glattem Amplitudenspektrum und geringem Crest-Faktor (Verhältnis von Spitzenwert zu Effektivwert). Was gerade die Maximalfolgen für die Impulsmesstechnik so interessant macht, ist ein mit ihnen eng verknüpfter schneller Kreuzkorrelations-Algorithmus im Zeitbereich. Zur rechnerischen Kreuzkorrelation stehen im Allgemeinen zwei Algorithmen zur Verfügung, nämlich die diskrete oder die FFT-Faltung. Bei gegebener Blocklänge B erfordert eine diskrete Faltung B^2 und eine FFT-Faltung „nur" $B(4\log_2 B + 1)$ Multiplikationen komplexer Zahlen. Da die Perioden $L = 2^m - 1$ von Maximalfolgen jedoch immer um genau einen Abtastwert kürzer sind als die FFT-Blocklängen $B = 2^m$, müssten zur FFT-Faltung umständliche Verfahren zur Abtastratenwandlung eingesetzt werden, damit das Ergebnis nicht durch Fehler verfälscht wird. Eine sehr viel schnellere Methode zur Faltung und Korrelation im Zeitbereich ist jedoch die *schnelle Hadamard-Transformation FHT*, die auf einem „Butterfly"-Algorithmus basiert und lediglich $m2^m$ Additionen und Subtraktionen erfordert.

12.2 Hadamard-Transformation

Grundlage der FHT ist die Darstellung des Korrelationsintegrales (Gl. 52) als Matrizenoperation der Multiplikation eines Vektors mit einer „Hadamard"-Matrix:

$$
\vec{h} = \frac{1}{L + 1} \vec{P}_2 \mathbf{H} \left(\vec{P}_1 \vec{s}\,' \right) \qquad (55)
$$

Der Vektor $\vec{s}\,'$ enthält die Abtastwerte der gemessenen Sequenz und der Vektor $\vec{h}$ die zu ermittelnde Impulsantwort. Die Vektoren $\vec{P}_1$ und $\vec{P}_2$ enthalten Permutationsregeln (s. u.).

Eine Hadamard-Matrix **H** ist eng mit Maximalfolgen verwandt. Schreibt man eine bipolare Maximalfolge in rechts zyklisch vertauschten Zeilen untereinander, so entsteht eine Matrix, die durch Permutieren der Spalten in eine Hadamard-Matrix verwandelt werden kann. Hadamard-Matrizen haben interessante Eigenschaften, d. h. sie enthalten ein einfaches Grundmuster, welches in allen Vergrößerungsstufen wiederkehrt (Selbstähnlichkeit). Die Bildungsvorschrift von Hadamard-Matrizen vom „Sylvester-Typ" ist rekursiv und lautet

$$\mathbf{H}_1 = 1, \quad \mathbf{H}_{2n} = \begin{pmatrix} H_n & H_n \\ H_n & -H_n \end{pmatrix} \quad (56)$$

mit $n = 2^m$ und $m \in N$. Entscheidend ist nun, dass Produkte von Vektoren mit diesen Hadamard-Matrizen sehr schnell mit einem so genannten „Butterfly-Algorithmus" berechnet werden können, ähnlich wie bei der FFT (Abb. 28).

Butterfly-Algorithmen verknüpfen in aufeinander folgenden Stufen Vektorelemente jeweils in Paaren. Damit wird die Multiplikation des Vektors mit der Hadamard-Matrix ($\mathbf{H}\,\vec{P}_1\,\vec{s}\,'$, Gl. 55), die normalerweise $2^m\,(2^m - 1)$ Multiplikationen erfordert, durch $m2^m$ Additionen und Subtraktionen ersetzt (Abb. 29).

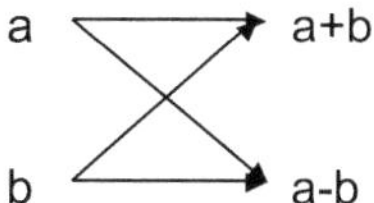

Abb. 28 Elementar-Operation der Hadamard-Transformation (Butterfly)

Bevor dieser Butterfly ausgeführt werden kann, muss das Zeitsignal, welches mit der Maximalfolge kreuzkorreliert werden soll, in bestimmter Weise auf den Vektor $\vec{s}\,'$ abgebildet werden. Dies erfolgt durch eine genau festgelegte Permutation der Adressen der Abtastwerte des Signals. Die Permutationsvorschriften ($\vec{P}_1$ und $\vec{P}_2$ s. o.) werden aus der zugrunde gelegten binären Maximalfolge hergeleitet. Der gesamte Messablauf lässt sich folgendermaßen darstellen (Maximalfolgenmessung mit Hadamard-Transformation (FHT) 3. Grades ($L = 7$). a) Hin-Permutation, b) Hadamard-Butterfly, c) Rück-Permutation.) (Abb. 30).

Ein weiterer Vorteil der Maximalfolgen-Hadamard-Transformation ist die sehr einfache Möglichkeit zur gezielten Färbung des Anregungssignals. Das kann sinnvoll sein, um die Aussteuerung frequenzabhängig zu optimieren (z. B. Minimierung des Crest-Faktors des Ausgangssignals) oder um Komponenten

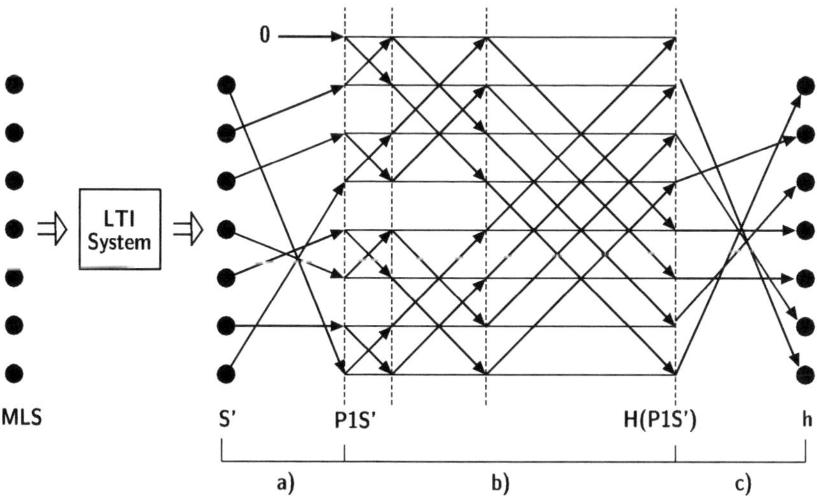

Abb. 29 Blockverarbeitung in der Hadamard-Transformation

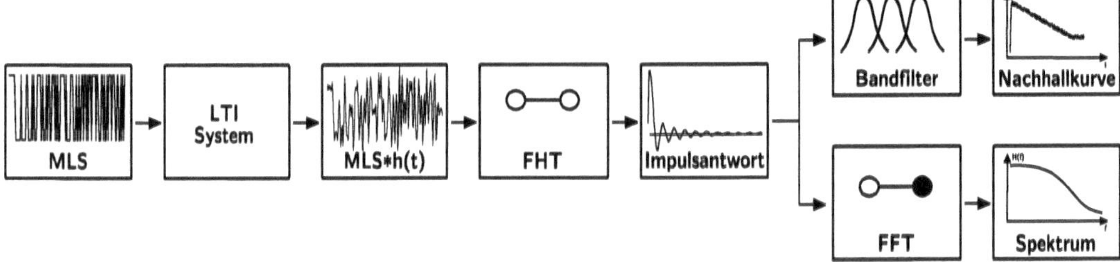

Abb. 30 Schritte beim Messen mit Maximalfolgen

der Messkette implizit zu entzerren. Da die Faltungsoperation und die Kreuzkorrelation sich nur um eine zeitliche Spiegelung des Signals unterscheiden, kann man eine Faltung einer Maximalfolge $m(t)$ mit einer Filterstoßantwort $f(t)$ (lineare Filterung) auch durch eine Kreuzkorrelation ausdrücken:

$$m'(-t) = m(-t) * f(-t) = m(t) \otimes f(-t) = \text{FHT}\left[f(-t)\right]$$
$$\text{(Faltung)} \quad \text{(Korrelation)} \quad \text{(FHT)} \tag{57}$$

Die zeitinverse gefilterte Maximalfolge $m'(-t)$ ist einfach die Hadamard-Transformierte der zeitinversen Filterstoßantwort $f(-t)$. Man muss demnach lediglich die gewünschte Filterstoßantwort messen oder synthetisieren, diese zeitinvertieren, Hadamard-transformieren und nochmals zeitinvertieren, um die vorverzerrte Maximalfolge zu erhalten. Eine normale Hadamard-Transformation dieser vorverzerrten Folge liefert wiederum unmittelbar nicht die m-Autokorrelationsfunktion (Dirac- Stoß), sondern die zugrunde gelegte Filterstoßantwort $f(t)$.

13 Fehlerquellen der digitalen Messtechnik

Die wichtigen Voraussetzungen für die Anwendbarkeit digitaler Messtechnik ist die Gültigkeit der LTI-Bedingungen. Falls also entweder Nichtlinearitäten eine Rolle spielen oder das System nicht zeitinvariant ist, treten Messfehler auf. Das gilt sowohl für das zu messende System als auch für die Messapparatur.

13.1 Störgeräusche

Da Störgeräusche normalerweise nicht mit dem Anregungssignal korreliert sind, werden sowohl impulsartige Störungen als auch monofrequente oder breitbandige stochastische Störungen nach der FFT oder der Kreuzkorrelation über die gesamte Messdauer verschmiert, und treten in der gemessenen Impulsantwort nur mit ihrer mittleren Leistung in Erscheinung. Da zur Vermeidung des Time-Aliasing die zu messende Impulsantwort ohnehin innerhalb einer Periode abklingen muss, können Bereiche, in denen das Störgeräusch bereits das Messsignal überwiegt, gelöscht, bzw. mit „Nullen" aufgefüllt werden (s. Fenstertechnik, Abschn. 6.1).

13.2 Nichtlinearitäten

Schwache Nichtlinearitäten können meistens in Kauf genommen werden, da sie sich in der gemessenen Impulsantwort nur als Rauschteppich bemerkbar machen und kaum von Störgeräuschen unterschieden werden können. Dementsprechend werden sie in der Signalanalyse wie Störgeräusche mithilfe der Fenstertechnik behandelt. Nichtlinearitäten können detektiert werden, wenn beobachtet wird, ob durch kohärente Mittelungen keine Verbesserung des Signal-Rauschverhältnisses erzielt werden, der Dynamikgewinn also asymptotisch stagniert. Durch Absenken der Signalamplitude kann dann meistens das Ausmaß der nicht-linearen Effekte verkleinert werden, und mit entsprechenden Mittelungen kann dann die Messdynamik weiter verbessert werden.

Eine tiefer gehende Analyse, wie sich Nicht-linearitäten in Impulsantworten wieder finden, erlaubt eine sehr elegante Methode zur simultanen Messungen der linearen und nicht-linearen Übertragungseigenschaften eines akustischen Systems. Insbesondere bei Anregung mit Sweep-Signalen kann die Systemantwort simultan bei der Anregungsfrequenz sowie bei deren Vielfachen analysiert werden.

13.3 Zeitvarianzen

Schwieriger zu detektieren sind Einflüsse von Zeitvarianzen, da sie nicht nur scheinbare Störgeräusche Vortäuschen, sondern den Signalverlauf verzerren. Dazu sind grundsätzlich zwei Arten von Zeitvarianzen zu unterscheiden: a) schnelle Schwankungen, die sich innerhalb einer Messperiode bemerkbar machen und b) eher langsame Effekte, die nur bei längeren Mittelungen eine Rolle spielen [9]. In beiden Fällen liegt der Grund für die Messfehler in einem Phasenversatz verschiedener Messsequenzen, wobei sowohl die kohärente Mittelung als auch FFT und matched filter, am meisten aber die Kreuzkorrelation gestört wird (Abb. 31).

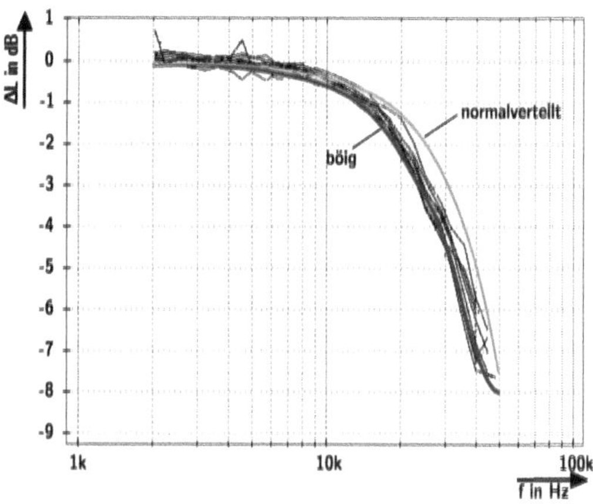

Abb. 32 Messung der Dekorrelation durch Wind. (Nach [10])

Sofern die Umgebungsbedingungen kontrolliert werden, können Messfehler durch Zeitvarianzen weitgehend ausgeschlossen werden. Dazu können beispielsweise die zulässigen Abweichungen zu 5 % bei −40 dB in der Nachhallkurve oder 0,15 dB in der energetischen Summe verwendet werden, um die Grenzen bezüglich Temperaturdrift oder Windgeschwindigkeiten festzulegen.

Für Messungen der Nachhallzeit T bei der Terzmittenfrequenz f ist dann der maximal zulässige Temperaturdrift in Grad Kelvin:

$$\Delta\vartheta \le \frac{300}{fT} \tag{58}$$

Bei Freifeld-Messungen der Schallausbreitung über eine gewisse Strecke d ist der auftretende Fehler (Unterschätzung), ΔL_{Wind}, des Schallpegels bei der Terzmittenfrequenz f aufgrund einer Schwankung der Windgeschwindigkeit σ_v (Abb. 32 und 33).

$$\Delta L_{Wind} = -3,2 \cdot 10^{-9}(\sigma_v fd)^2 \text{dB} \tag{59}$$

Für die Terz bei 5 kHz wäre somit bei einer Ausbreitungsstrecke von 7 m (bei einer Messung der Fassaden-Schalldämmung) eine Windschwankung von $\Delta v = 0,2$ m/s zulässig [10].

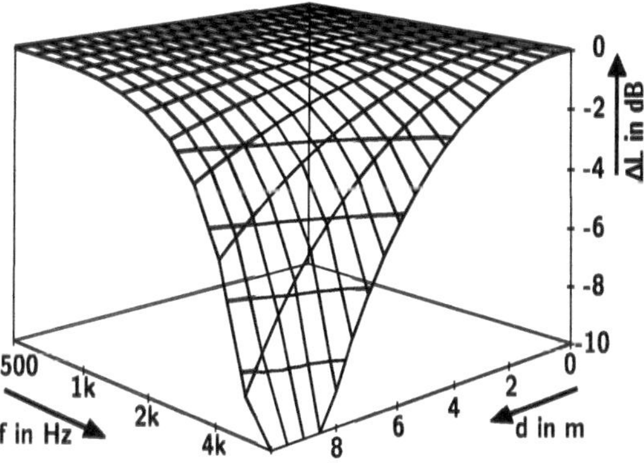

Abb. 31 Berechnete Dekorrelation durch böigen Wind der Variation 1 m/s über der Ausbreitungsstrecke d. Resultat: scheinbarer Pegelverlust ΔL

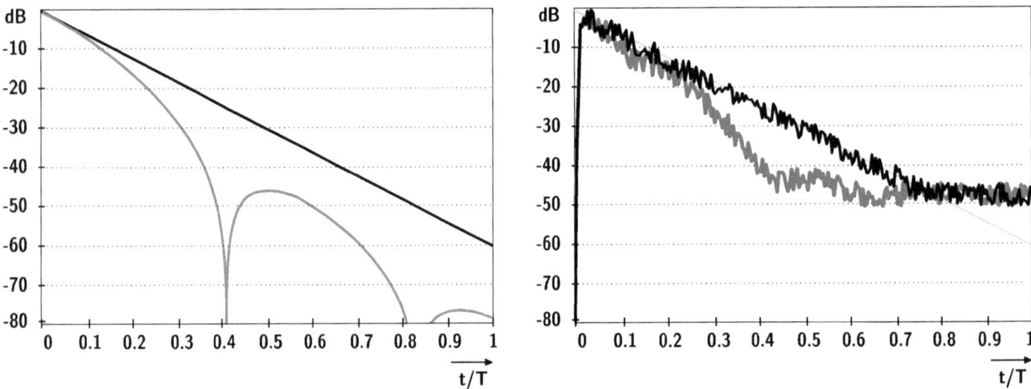

Abb. 33 Theoretische (links, für ein harmonisches Signal) und experimentelle ermittelte (rechts, für ein Terzband) Dekorrelation in einer unverzerrten Nachhallkurve sowie einer Nachhallkurve unter Einfluss von Temperaturdrift. (Nach [10])

Literatur

1. Brigham, E.O.: FFT – Schnelle Fourier-Transformation. Oldenbourg, München (1998)
2. Gade, S., Herlufsen, H.: Digital filter techniques vs. FFT techniques for damping measurements. Br üel Kjær Tech. Rev. **1**, 1–42 (1994)
3. Stan, G.-B., Embrecht, J.J., Archambeau, D.: Comparison of Different Impulse Response Measurement Techniques. J. Audio Eng. Soc. **50**, 249–262 (2002)
4. Farina, A.: Simultaneous measurement of impulse response and distortion with a Sweptsine technique. J. Audio Eng. Soc. 48, 350, 108th AES Convention 2000, Preprint 5093, (2000)
5. Müller, S., Massarani, P.: Transfer Function Measurement with Sweeps. J. Audio Eng. Soc. **49**, 443–471 (2001)
6. Müller, S.: Measuring transfer functions and impulse responses. In: Havelock, D., Kuwano, S., Vorländer, M. (Hrsg.) Handbook on Signal Processing in Acoustics. Springer, New York (2008)
7. Borish, J., Angell, J.B.: An efficient algorithm for measuring the impulse response using pseudorandom noise. J. Audio Eng. Soc. **31**, 478–488 (1983)
8. Rife, D., Vanderkooy, J.: Transfer-function measurement with maximum-length sequences. J. Audio Eng. Soc. **37**, 419–444 (1989)
9. Svensson, P., Nielsen, J.L.: Errors in MLS measurements caused by time variance in acoustic systems. J. Audio Eng. Soc. **47**, 907–927 (1999)
10. Vorländer, M., Kob, M.: Practical aspects of MLS measurements in building acoustics. Appl. Acoust. **52**(3–4), 239–258 (1997)

Wichtige ISO-Normen (Stand 2007)

11. DIN EN 60651: *Schallpegelmesser*
12. DIN EN 61260: *Elektroakustik, Bandfilter für Oktaven und Bruchteile von Oktaven*
13. ISO 3382: *Acoustics – Measurement of the reverberation time – Part 1: Performance Spaces, Part 2: Ordinary Rooms*
14. ISO 10534: *Acoustics – Determination of sound absorption coefficient and impedance in impedance tubes – Part 2: Transfer-function method*
15. ISO 18233: *Acoustics – Application of new measuring methods in building and room acoustics – DIS 2006*